Einfach gut formulieren

Impressum

Bibliographische Information der Deutschen Bibliothek:
Die Deutsche Bibliothek verzeichnet diese Publikation in der Deutschen
Nationalbibliographie; detaillierte bibliographische Daten sind im Internet
über http://dnb.ddb.de abrufbar.

© 2007
BW Bildung und Wissen
Verlag und Software GmbH
Südwestpark 82
90449 Nürnberg

Tel. 0911 / 9676-300
Fax 0911 / 9676-189
E-Mail: serviceteam@bwverlag.de
http://www.bwverlag.de

Umschlaggestaltung: Karin Lang, Nürnberg
Layout und Satz: Rolf Wolle, Fürth
Druck: Kessler Druck + Medien, Bobingen

ISBN: 978-3-8214-7666-7

Karl-Heinz List

Einfach gut formulieren

Kurz, klar und korrekt schreiben – für Chefs und Personaler

Bildung und Wissen Verlag
www.bwverlag.de

Inhalt

Einleitung: Die Sprache im Beruf

„Wörter-Ökonomie" ist dem Verstand
ebenso einträglich als Geld-Ökonomie.
Georg Christoph Lichtenberg (Sudelbücher B, 146)

Bevor man einen Text verfasst, sollte man sich darüber klar werden, was man dem Empfänger mitteilen möchte. Was ist die Kernaussage meiner Information, meiner Botschaft?

Wie muss ein Text sein?

▶ Sprachlich korrekt nach den Regeln der Grammatik und Rechtschreibung

▶ Kurz und knapp, weil wir die Zeit des Lesers nicht vergeuden dürfen

▶ Verständlich, sonst können wir dem Leser kein richtiges Bild von der Sache vermitteln

▶ Anschaulich und lebendig, weil sich sonst der Leser langweilt und nicht weiterliest

▶ Lesefreundlich, das heißt mit klarer Gliederung: Kapitel, Abschnitte, Absätze sowie Unterstreichungen, Hervorhebungen

▶ Überflüssiges lässt man weg: was der Leser schon weiß, was nicht von Interesse ist oder was sich aus dem Zusammenhang ergibt.

Ich werde mich hier nicht mit Rechtschreibung befassen. Dazu gibt es den Duden und die Rechtschreibprüfung der Textverarbeitungsprogramme. Was die sprachliche Korrektheit angeht, beschränke ich mich auf ein paar wichtige Regeln der Grammatik. Schwerpunkt dieses Buches ist vielmehr der sparsame Umgang mit Wörtern.

Sprachökonomie – vom sparsamen Umgang mit Wörtern

Von „Sprachökonomie" haben die Betriebswirte in den Unternehmen noch nichts gehört. Sie schreiben ihre Briefe, E-Mails, Angebote und Kündigungen in einem ausladenden Hauptwörterstil, vermeiden die einfache Sprache und glauben tatsächlich, dass ihr „gehobener" Schreibstil der Position und ihrer Bedeutung im Unternehmen angemessen ist.

Den Begriff „Sprachökonomie" haben nicht etwa Ökonomen geprägt, sondern Sprachwissenschaftler. Der sparsame Umgang mit Wörtern gelte nicht nur für Dichter, schreibt der Sprachwissenschaftler Willy Sanders, um so mehr aber für die Wirtschaft, für Unternehmen, wo nach dem ökonomischen Prinzip der Nutzenmaximierung verfahren werde. Sprachökonomie vereinfache eine Sprache und erhöhe ihre Effizienz. Für Georg Möller ist Sprachökonomie ein Stilprinzip und Reinhard Nickisch meint, dass stilistisch gut sei, was übersichtlich und sprachökonomisch formuliert sei. Angenehm soll die Sprache sein, nicht geschwätzig, aufgeblasen, abstrakt und floskelhaft.

Soll man schreiben wie man spricht?

Es kommt darauf an. Die Umgangssprache kennt oft weder Genitiv noch Konjunktiv. Es wäre schade, wenn sich das auch in der Schriftsprache einbürgern würde. Die Schriftsprache ist präziser als das gesprochene Wort. In der Umgangssprache gibt es viele Floskeln und Füllwörter, die wir in der geschriebenen Sprache weglassen sollten: Nicht wahr, na ja, doch. Die Umgangssprache ist stilistisch ein Vorbild, weil sie lebendig ist. Die Schriftsprache ist grammatisch sorgfältiger. Meistens.

Aus dem Geschäftsbericht einer Krankenkasse:

Seit 1999 bietet die Kasse ihren Mitarbeiterinnen und Mitarbeitern ein zweijähriges Fernstudium „Angewandte Gesundheitswissenschaften" der Universität Bielefeld an. Die ersten Absolventen sind im vergangenen Jahr fertig geworden, und am laufenden Studiengang nehmen wiederum zwanzig Mitarbeiter und Mitarbeiterinnen teil.

Man merkt: *Fertig geworden* ist eine andere Stilebene und passt nicht in einen Text, der veröffentlicht wird. Der Schriftsteller Ludwig Reiners meint dazu: „Man kann die Umgangssprache nicht kurzerhand kopieren; nur die lebendige Form, den abwechslungsreichen Ausdruck, den natürlichen Ton sollen wir von ihr lernen."

Aus einem Mitarbeitergespräch:

Der Chef sagt zu seinem Mitarbeiter: Ich komme auf Ihr Positionspapier zurück und will gleich in medias res gehen. Nach eingehender Beratung mit der Geschäftsleitung gibt es noch Klärungsbedarf, was einzelne Details angeht. Ich will Ihnen meine Meinung nicht aufoktroyieren, nur so viel: Ihre Vorschläge sollten Sie dahingehend abändern, dass wir die Grundstücke nicht kaufen wollen, sondern anmieten. Sie sollten schnellstmöglich das Zeitfenster für die Realisierung präzisieren. Ich denke, dass wir inzwischen gut aufgestellt sind und dieses Problem endlich durch eine neue Innovation auf den Weg gebracht wird.

Das falsche gesprochene Wort klingt harmloser als das geschriebene. Oft aber werden die Fehler, die mündlich gemacht werden, im schriftlichen Text nicht vermieden, wie hier:

- ▶ nach eingehender Beratung
- ▶ einzelne Details
- ▶ aufoktroyieren
- ▶ abändern
- ▶ anmieten
- ▶ neue Innovation

Wer in einer Firma Briefe, Angebote, Verträge, Protokolle, Aktennotizen und Arbeitszeugnisse schreibt, muss kein Sprachkünstler sein und formulieren können wie Arthur Schopenhauer oder Heinrich Heine. Aber er sollte in der Lage sein, kurze und verständliche Sätze zu schreiben. Wer ein Talent besitzt wie Truman Capote, braucht ein Buch wie dieses bestimmt nicht. Der großer Stilist sagt über sich selbst: „Ich habe mein ganzes Leben gewusst, ich könnte ein Häufchen Wörter nehmen und in die Luft werfen, und sie würden genau richtig herabfallen. Ich bin ein sprachlicher Paganini."

Der Nutzen für den Leser dieses Buches besteht daran, dass er ein Gespür für die Feinheiten der Sprache entwickeln kann. Hier geht es nicht um Perfektion. „Aus Fehlern lernen wir am meisten", schreibt Marcel Proust. Dinge sind selten vollkommen, Menschen niemals. Doch Übung macht den Meister. Dieses Buch bietet Ihnen Gelegenheit dazu.

Ökonomisch schreiben – was heißt das?

Sprachgefühl – Gefühl und Sprache

Wir wissen alle, was Gefühle sind. Freude, Trauer, Wut, Begeisterung. Aber was ist gemeint mit dem Wort „Sprachgefühl"? Ein Gefühl dafür haben, was in einer Sprache richtig oder falsch ist? Ja. Aber braucht man dazu überhaupt Gefühl, oder kann man das lernen wie Mathematik oder Geografie?

Richtiges, grammatikalisch einwandfreies Deutsch zu schreiben, lernt man schon in der Schule. Doch korrekt zu schreiben, ist noch kein guter Stil. `Will ein Unternehmen etwas erreichen, muss das, was erreicht werden soll, also die Unternehmensziele, denjenigen, die an ihrer Erreichung arbeiten, bekannt sein.` Dieser Satz eines Personalvorstandes ist von der Grammatik her korrekt: Was der Schreiber ausdrücken wollte, ist sehr umständlich formuliert, mit zu vielen Worten und nicht ökonomisch. Das hätte man kürzer und zeitsparender schreiben können: `Die Mitarbeiter müssen die Unternehmensziele kennen.`

Es muss um mehr gehen als um korrektes Deutsch, wenn wir von Sprachgefühl reden. Das hat etwas mit Intuition zu tun, mit einem Gespür für das richtige Wort und den Satzbau, dafür, wie man etwas verständlich, präzise, knapp und anschaulich ausdrückt. Wir können unser Sprachgefühl entwickeln, schärfen und verfeinern. Das ist unser Thema.

Auf genaue Wortwahl achten

Man denkt nicht immer nach, um das richtige Wort zu finden. Politiker, Unternehmer und Führungskräfte sagen: `Ich gehe davon aus, dass das Wirtschaftswachstum anhalten wird.` Was heißt das? Ich halte es für wahrscheinlich, ich bin überzeugt, ich glaube, ich vermute, ich hoffe, ich habe den Eindruck gewonnen?

In einem Interview wurde ein deutscher Manager gefragt, wie sich die Geschäftsbeziehungen zu Unternehmen in Libyen entwickeln werden. Seine Antwort: `Es ist davon auszugehen, dass sich das Aktivitätsspektrum erweitern wird.` Wie hört sich wohl ein solcher Satz an, wenn er das seiner Frau erzählt: `Wir werden wohl in den nächsten Jahren dort gute Geschäfte machen.`

Weitere Beispiele dafür, dass es auf eine genaue Wortwahl ankommt:

`Unsere Reklamationsrate ist immer noch zu hoch. Wir wollen deshalb in diesem Jahr alles tun, um die Reklamationen abzusenken.`
Absenken ist eine Doppelung, senken reicht.

`Die ihm gesetzten Ziele wurden von Herrn Münster konsequent umgesetzt.`
Ziele kann man erfüllen oder erreichen, Projekte oder Konzepte setzt man um. Das Adjektiv *gesetzte* (Ziele) ist überflüssig, welche Ziele sonst? Er hat seine Ziele erreicht.

Schwer oder schwierig?
Gibt es überhaupt eine Unterscheidung beim Gebrauch dieser Wörter? Eine schwierige Frage ist auch eine schwere Frage. In diesem Fall gibt es keinen Unterschied. Aber ein schwieriger Mensch muss kein schwerer Mensch sein. „Du nimmst das Leben viel zu schwierig", sagt seine Ehefrau. „Das ist falsch", sagt der Ehemann, „und zwar in zweierlei Hinsicht. Es muss heißen, dass ich das Leben zu schwer nehme und nicht zu schwierig, und was die Sache angeht: Ich nehme das Leben leichter als du denkst."

Dasselbe oder das Gleiche?
Beide Rezensenten haben dasselbe Buch gelesen, ihre Kritik ist aber so ausgefallen, als hätten sie verschiedene Bücher gelesen. Frage: Haben die beiden dasselbe oder das gleiche Buch gelesen? Wenn sie beide dasselbe gelesen haben, – was eher unwahrscheinlich ist – dann hätten sie ein und dasselbe Buch, also ein einziges Buch gelesen. Jeder hat aber sein eigenes Exemplar gelesen. Deshalb haben sie das gleiche Buch gelesen.

Auf oder offen?
Sie hat das Fenster geöffnet, es ist jetzt auf. Nein, es ist nicht auf, es ist jetzt offen. Aber das Fenster geht auf, wenn der Wind dagegen bläst.

Als oder wie?
Das Wetter ist genauso schlecht wie gestern, aber besser als letzte Woche. Bei der Grundstufe der Vergleichsformen – dem Positiv – wird der Vergleichspartikel *wie* verwendet, nach der Steigerungsform – dem Komparativ – steht *als*.

Genitiv, Dativ oder Akkusativ?
Ich werde mein Amt als Ministerpräsident zum 30.September 2007 diesen Jahres aufgeben.
Das ist falsch. Warum? Doch kein Rücktritt? Doch. Aber es muss heißen: *dieses Jahres* – Genitiv.

Sie haben ein mathematisches, technisches oder naturwissenschaftliches Studium, (gerne auch mit Promotion) mit sehr gutem Erfolg abgeschlossen.
Bei den vier Worten *gerne auch mit Promotion* spürt man, dass etwas nicht stimmt. Das Adverb *gerne* (oder auch die Kurzform *gern*) hat die Vergleichsformen *lieber, am liebsten*. Bleibt die Frage: Was ist dem Unternehmen noch lieber als die Promotion oder am liebsten? Zwei Doktortitel oder gleich ein Professor?

Anschreiben

Anschreiben ist ein sehr geläufiges Wort. Bewerber verwenden es, in Bewerbungsratgebern gibt es *Muster-Anschreiben*, und wenn ein grafologisches Gutachten der Entscheidungsfindung dienen soll, ist die Rede vom *handgeschriebenen Anschreiben*. Wie klingt das Wort *Anschreiben* in Ihren Ohren? Man kann aufschreiben, unterschreiben, überschreiben oder in der Schule von anderen abschreiben, aber jemand anschreiben, das klingt nach Bürokratendeutsch. Das Wahrig Wörterbuch von 1968 spricht von Amtssprache, das ZEIT-Lexikon von 2005 bezeichnet das Anschreiben als „amtliches, kurzes Begleitschreiben". Nach dem deutschen Universal-Lexikon gehört das Wort *Anschreiben* zur Bürosprache. Ich wusste nicht, dass es im Büro eine eigenständige Sprache gibt. Obwohl man es selten liest, gibt es ein treffendes Wort: Bewerbungsschreiben.

Zum Schluss eine alltägliche Begebenheit: Vor ein paar Tagen war ich unterwegs nach Frankfurt. Auf dem Weg zum Flughafen hörte ich im Auto Nachrichten, und der Sprecher sagte am Schluss: „Und jetzt das ausführliche Wetter." Ich kenne gutes Wetter, stürmisches, schlechtes, aber – Donnerwetter – von einem *ausführlichen* Wetter hatte ich noch nie gehört. Das Flugzeug landete trotz stürmischen Wetters pünktlich. Als die Maschine in Frankfurt gelandet war, meldete sich eine Flugbegleiterin über Lautsprecher: „Willkommen in Frankfurt! Bitte bleiben Sie angeschnallt sitzen bis das Flugzeug die endgültige Parkposition erreicht hat." Ich überlegte, wie diese Flugbegleiterin es wohl geschafft haben könnte, an Bord des Flugzeugs zu kommen? Es kann mich doch nur jemand in Frankfurt begrüßen, der schon dort ist, oder?

Gefühle wirkungsvoll ausdrücken

Wer einen wirksamen Text schreiben will, einen Brief, eine E-Mail, einen Bericht, ein Protokoll oder ein Angebot, will etwas bewirken: Gefühle auslösen, andere überzeugen, informieren, begeistern, jemanden veranlassen etwas zu tun oder zu unterlassen, ein bestimmtes

Produkt zu kaufen oder bestimmte Aktien nicht zu kaufen. Nicht nur beim Werbebrief geht es um die Frage: Worauf reagiert der Empfänger?

Sprache hat zu tun mit Handlung, mit Werten, mit Gefühlen und mit der Wirkung: Wenn ein Vorstandsvorsitzender im Geschäftsbericht die Aktionäre über den Geschäftsverlauf informiert, will er das Unternehmen in einem günstigen Licht darstellen und die Aktionäre davon überzeugen, dass sie ihr Geld gut angelegt haben, weil das Unternehmen alles getan habe, um sich im Wettbewerb zu behaupten, und auch in Zukunft eine optimale Rendite erwirtschaften werde. Der Chef des Unternehmens und der Vorsitzende des Aufsichtsrats wollen mit den Informationen im Geschäftsbericht Zuversicht verbreiten und um Vertrauen werben. Das hat viel mit Gefühlen zu tun. Je größer das Vertrauen der Aktionäre in die Ertragskraft des Unternehmens ist, desto höher die Nachfrage nach den Aktien.

Soll man seine Gefühle ohne Zwang und ohne Hemmungen ausdrücken? Das mag im Einzelfall und zeitweise Erleichterung bringen, löst aber die Probleme nicht. Ein solches Verhalten hat einen negativen Beigeschmack und stößt andere Menschen ab. Es ist ein Mythos, dass man sich befreit, wenn man alle Gefühle herauslässt. Ärger bringt nur neuen Ärger.

Das andere Extrem ist die Unterdrückung der Gefühle. Sie tötet jede Spontanität. „Sich zu ärgern, ist leicht. Aber sich über die richtige Person zu ärgern, in dem richtigen Ausmaß, zur richtigen Zeit und zum richtigen Zweck und vor allem in der richtigen Art und Weise, ist sehr schwer." (Aristoteles, Nikomachische Ethik) Autofahrer wissen, was gemeint ist. Wer auf der linken Spur auf der Autobahn von dem Fahrer hinter ihm bedrängt und per Lichthupe genötigt wird, die Spur zu wechseln, ärgert sich über die Rücksichtslosigkeit. Wer den Drängler dann verfolgt, am nächsten Rastplatz stellt und ihm eine Ohrfeige gibt, hat vielleicht das Gefühl von Genugtuung, aber er spürt keine Erleichterung. Die Wahrscheinlichkeit ist größer, dass er sich über sich selbst ärgert, weil er seinen Gefühlen freien Lauf gelassen und nicht souverän auf das Verhalten des Rüpels reagiert hat. Aber was wäre eine souveräne Reaktion gewesen? Das Mini-Selbstgespräch, für den Beifahrer unüberhörbar: „Die Welt ist voller Idioten!" Damit ist der Ärger erledigt.

Sprache – ein Mittel zum Zweck

Kommunikation findet auf der Sach- und Beziehungsebene statt. Diese Erkenntnis der Kommunikationswissenschaft ist allgemein anerkannt. Kommunikation hat nicht nur den Zweck, auszudrücken, was ist, sondern auch, was sein soll. Mit dem, was ich sage, möchte ich etwas erreichen, bewirken – zum Beispiel den anderen trösten, aufmuntern oder begeistern. Wir wollen mit dem, was wir sagen, Einfluss nehmen, überzeugen, beruhigen oder als Führungskraft Ängste gegenüber Veränderungen abbauen. Ob ein schriftlicher Appell das richtige Mittel zur Lösung von Problemen ist, darf man bezweifeln. Wer Begeisterung bei Mitarbeitern auslösen oder eine Verhaltensänderung erreichen will, wird die Grenzen der schriftlichen Kommunikation schnell erreichen. Wie bei der mündlichen Rede muss der Sender bei der schriftlichen Kommunikation die Gefühle ansprechen:

```
Wir können nicht so weitermachen. Es muss sich etwas
ändern. Ich brauche Ihre Hilfe. Machen Sie mit.
```

Wir können positive und negative Gefühle auslösen. Wir können durch Sprache Geringschätzung oder Wertschätzung ausdrücken, Lob und Tadel. Sprachstil ist kein Selbstzweck, sondern stets ein Mittel zum Zweck. Mit dem, was wir schreiben, verbinden wir eine bestimmte Absicht. Man spricht auch von der kommunikativen Kraft des Textes.

Die Kunst der Selbstdarstellung

Selbstdarsteller gelten als Blender, Angeber, Aufschneider und Lügner. Dabei ist die Selbstdarstellung, die Selbstinszenierung, Eindruck zu machen auf andere, etwas Selbstverständliches. Wir tun es jeden Tag. „Impression Management" bezeichnen amerikanische Sozialpsychologen die Strategie und Techniken, die wir benutzen, um unseren Eindruck auf andere zu steuern, um andere zu beeinflussen.

Gute Selbstdarsteller sind äußerst geschickt darin, ihre Gefühle verbal und nonverbal auszudrücken und damit einen bestimmten, positiven Eindruck zu vermitteln. Sie finden blitzschnell heraus, welche Form der Selbstdarstellung welcher Situation angemessen ist. Sie beteiligen sich aktiv an der Kommunikation. Sie treten häufig als Wortführer auf und bevorzugen Freunde, so der amerikanische Sozialpsychologe Mark Snyder, für die Selbstdarstellung keine besondere Bedeutung hat.

Selbstdarsteller besitzen die Fähigkeit, ihr Verhalten zu kontrollieren und, wenn notwendig, zu korrigieren. Verkäufer, Fernsehmoderatoren, Strafverteidiger und Berufsschauspieler sind gute „Impression Manager".

Starke Selbstdarsteller beherrschen die Technik der Steuerung und Beeinflussung. Sie sind offen, zeigen Gefühle, schmeicheln, tun anderen einen Gefallen und haben ihre Angst unter Kontrolle. Sie sind flexibel und anpassungsfähig, erwecken den gewünschten Eindruck, verhalten sich der Situation angemessen und pragmatisch.

Wer die Kunst der Selbstdarstellung beherrscht, weiß um den Stellenwert, offen und ehrlich zu sein. Ruth Cohn, die aus der Schule der humanistischen Psychologie kommt, spricht von authentischer Kommunikation: Den Grad der Öffnung dem anderen gegenüber bestimme ich selbst. Offenheit macht ohne Zweifel angreifbarer. Das ist der Grund, warum Liebende besonders ungeschützt und verletzlich sind.

Ist absolute Offenheit erstrebenswert und realistisch? Carl Rogers, der Begründer der Gesprächstherapie, steht in dieser puritanischen Tradition: I confess – Ich bekenne, ich habe nichts zu verbergen. Rogers schreibt zum Thema Ehrlichkeit und Beziehungen: „Ich habe herausgefunden, dass eine Beziehung um so hilfreicher sein wird, je ehrlicher ich mich verhalten kann. Das meint, dass ich mir meiner eigenen Gefühle soweit wie möglich bewusst sein muss (...). Ehrlichkeit meint außerdem noch die Bereitschaft, sich in Worten und Verhalten zu den verschiedenen in mir vorhandenen Gefühlen und Einstellungen zu bekennen und sie auszudrücken."

Der amerikanische Schriftsteller Saul Bellow schreibt in seinem Roman „Humboldts Vermächtnis": „Als ich mein Geld damit verdiente, die persönlichen Erinnerungen von fremden Leuten zu schreiben, habe ich entdeckt, dass kein Amerikaner je einen richtigen Fehler begangen, niemand gesündigt oder nur eine einzige Sache zu verbergen hatte; Lügner gab es nicht. Die angewandte Methode ist Vertuschung durch Offenheit, um Doppelzüngigkeit in Ehren zu garantieren."

Negatives positiv ausdrücken

Eine Technik, die vom positiven Denken kommt, in verschiedenen Bereichen angewendet wird und zwischen Unwahrheit und Bullshit angesiedelt ist: etwas positiv darstellen, obwohl es eigentlich negativ zu bewerten ist.

Aus einem Trennungsgespräch:
Kündigung ist auch eine Chance für Sie. Wir wollen Ihnen diese Chance nicht verbauen und kündigen das Arbeitsverhältnis zum 30. Juni. Das sollten Sie als Herausforderung begreifen. Machen Sie etwas draus!

Aus der Todesanzeige eines Unternehmens:
Unser langjähriger Mitarbeiter Hubert Meier ist von uns gegangen. Wir sind traurig, aber nicht hoffnungslos. In unserer Erinnerung wird er weiterleben.

Aus einem Absagebrief:
Sie haben sich bei uns als Geschäftsführer beworben. Letzte Woche haben wir darüber gesprochen. Wir haben uns die Sache mit Ihnen noch einmal durch den Kopf gehen lassen und sind zu der Überzeugung gekommen, dass daraus nichts wird. Unsere marode Firma wieder flott zu machen, ist eine fast unlösbare Aufgabe, die wir Ihnen einfach nicht

```
zutrauen.Eigentlich müssten Sie froh sein, dass
Sie diesen Job nicht bekommen haben. Es gibt schö-
nere Herausforderungen, so viel ist gewiss.
```

Diese drei Beispiele sollen eine Abschreckung sein für alle Texter mit ironischer Ader.

Vom sparsamen Umgang mit Wörtern

Nach der Schlacht bei Zela 47 vor Christus meldete Cäsar nach Rom: Veni, vidi, vici – Ich kam, sah und siegte. Ludwig Reiners hat diese drei Worte im Hauptwörterstil formuliert: „Nach Erreichung der hiesigen Örtlichkeiten und Besichtigung derselben war nur die Erringung des Sieges möglich."

Eine knappe Ausdrucksweise wählen

Leser lieben die knappe und präzise Darstellung, weil sich ein solcher Text angenehm liest. Es werden Irrtümer und lästige Nachfragen vermieden, Kunden nicht verärgert und der Zeitaufwand für Korrekturen reduziert. Der Schreiber nimmt Rücksicht auf die kostbare Zeit seiner Leser: seiner Kunden, der Vorgesetzten, Kollegen und Mitarbeiter. In Unternehmen geben Schreiber Informationen an Menschen, die auf dieser Grundlage Entscheidungen vorbereiten oder treffen müssen.

Eine knappe Ausdrucksweise steht im Gegensatz zu Weitschweifigkeit. Knappheit bedeutet: Zeit sparen. Wir unterscheiden die sprachliche und sachliche Knappheit. Die sprachliche verkürzt den Ausdruck, die sachliche das, was ausgedrückt wird. Kurze Wörter und kurze Sätze erhöhen den Lesefluss. Bandwurmsätze machen einen Text holprig und schwer lesbar. Sätze mit vielen Verben dagegen machen den Ausdruck lebendiger und anschaulicher. Das gilt jedenfalls für Texte in Beruf und Alltag. In der Literatur (Thomas Mann, Thomas Bernhard) ist das etwas anderes.

Überflüssiges weglassen

Die Kunst besteht darin, das Richtige wegzulassen, und im Mut zur Lücke. Was ist überflüssig, und was kann man weglassen, weil man es sich denken kann, weil es zwischen den Zeilen steht, weil der Leser es schon weiß – das Selbstverständliche.

Aus dem Geschäftsbericht eines IT-Unternehmens (Brief an die Aktionäre):

Noch bessere Ergebnisse können sich in Zukunft auch positiv auf den Aktienkurs auswirken. Hier ist sich der Vorstand seiner Verantwortung bewusst. Deshalb hat kontinuierliche Ergebnissteigerung jetzt absolute Priorität für uns.

Versetzen Sie sich an die Stelle des Aktionärs und urteilen Sie selbst: Muss der Vorstand erklären, wofür er bezahlt wird?

Oder dieser Text:

Denn ohne den Rückgriff auf die Ressource Mensch ist heute kaum mehr ein Unternehmen in der Lage, erfolgreich auf dem Markt zu operieren.

Erfährt der Leser etwas, was er nicht schon wusste?

Aus dem Geschäftsbericht einer Krankenkasse:

Engagierte und kompetente Führungskräfte haben einen entscheidenden Einfluss auf die Motivation ihrer Mitarbeiterinnen und Mitarbeiter. Gerade in einem dynamischen Wettbewerbsumfeld sind sie wichtige Multiplikatoren von Lern- und Veränderungsprozessen und damit bedeutsam für den Erfolg eines Unternehmens. Die Kasse legt großen Wert darauf, die Führungskräfte in ihrer Arbeit zu unterstützen und ihre Weiterbildung zu fördern. Gleichzeitig gilt es, den Führungsnachwuchs gezielt auf seine Aufgaben und die Verantwortung vorzubereiten.

Erfahren die Leser etwas, was sie nicht schon wissen? Nein.

Aus dem Newsletter eines Weiterbildungsinstituts:

Schopenhauer hat einmal gesagt: „Nichts ist schwerer, als bedeutende Gedanken so auszudrücken, dass jeder sie verstehen muss." Der Satz beinhaltet, dass der erfolgreiche Redner seine Rede so zu gestalten hat, dass der Zuhörer die Botschaft versteht.

Wer hätte das gedacht.

Aus einer Betriebsvereinbarung über die Führung der Kantine:

Ihr Zweck ist, den Beschäftigten und Gästen zu ermöglichen, sich mit den für ihren Arbeitstag notwendigen Lebensmitteln zu versorgen.

Auf den ersten Blick möchte man sagen: Das weiß doch jeder, also überflüssig. Es ist aber auch möglich, dass Betriebsrat und Geschäftsleitung uns mit dieser Botschaft sagen wollen: Alkohol gibt es in der Kantine nicht, den müssen sie schon mitbringen.

Unternehmen von heute pflegen einen netten, kundenfreundlichen Ton. Auch die Bahn, sogar auf der ICE-Toilette: Bitte verlassen Sie diesen Raum so, wie Sie ihn vorfinden möchten. Hat die Bahn jetzt ein Sprach- oder ein Personalproblem?

Wohin geht die Reise? Der Trend geht zur Sparsamkeit. Viele sind schon dabei, sich kürzer auszudrücken und folgen der englischen Grammatik. Sie sagen nicht: „Ich rufe Sie wieder an", sondern knapper: „Ich rufe Sie zurück" (I call you back). Man spart ein Wort, der Anfang ist gemacht. Das lässt sich steigern. Sie sagen nicht: „Ich kann mich nicht daran erinnern", sondern: „Ich erinnere das nicht" (I can't remember that). In diesem Fall werden zwei Wörter eingespart.

Eine andere Möglichkeit besteht darin, die englischen Begriffe unmittelbar in den deutschen Redefluss zu übernehmen, wie es eine McKinsey-Beraterin im Interview mit der Frankfurter Allgemeinen Sonntagszeitung getan hat. In dem Interview ging es um Kinder und Karriere: Vernünftige Kinderbetreuung in Deutschland ist

```
ein echter issue, jedenfalls dann, wenn Sie einen un-
planbaren Schedule haben.
```

Wie geht es weiter? Wir gucken uns das alles ergebnisoffen an.

Grammatikalisch korrekt schreiben

Heinrich Heine spottete über die Grammatikkenntnisse seines Bru-
ders, den Kaufmann Salomon: Bei offiziellen Diners stehe ihm ein
Diener für den Dativ und einer für den Akkusativ zur Seite. Manch
tüchtiger Kaufmann versteht eben mehr vom Verkaufen als vom
richtigen Umgang mit der deutschen Sprache. Richtiges Deutsch zu
schreiben ist notwendig, aber es genügt nicht. Sprachliche Korrektheit hat viel mit Grammatik und Rechtschreibung zu tun.

Der Satz

Die kanonische Regel lautet: Hauptsachen gehören in Hauptsätze,
Nebensachen in Nebensätze. Im Deutschen gibt es keine festgelegte
Wortstellung, wie zum Beispiel: Subjekt - Prädikat - Objekt. Die gera-
de Wortstellung folgt diesem Schema: „Herr Meier leitet das Projekt.“
Die ungerade Wortstellung (Inversion) wäre: „Das Projekt leitet Herr
Meier.“ Wir können auch mit der Zeitbestimmung beginnen: „Letzte
Woche beendete Herr Meier das Projekt.“ Oder mit der Ortsbestim-
mung: „Im großen Konferenzsaal präsentierte Herr Meier das Pro-
jekt.“

Schachtelsätze verständlich konstruieren

Aus dem Bericht des Aufsichtsrats:

```
Die Ausschüsse bereiten Themen, die im Plenum zu
behandeln sind, sowie Beschlüsse des Aufsichts-
rats vor.
```
Grammatikalisch ist der Satz korrekt. Aber ist er sofort zu verste-
hen? Man kann eingeschobene Sätze mit einem kleinen Trick

verständlicher formulieren, wenn man das Zeitwort so früh wie
möglich in den Satz einfügt:

```
Die Ausschüsse bereiten Themen vor, die im Plenum
zu behandeln sind.
```

Aus demselben Geschäftsbericht:

```
Dieser   Veräußerung   stimmte   der   Aufsichtsrat,
nachdem  ihm  weitere  detaillierte  Informationen
vorgelegt worden waren, Ende 2005 im schriftlichen
Verfahren zu.
```

Die Leser müssen lange darauf warten, um zu erfahren, wie die
Entscheidung ausgegangen ist. Das lässt sich vermeiden:

```
Der Aufsichtsrat stimmt der Veräußerung Ende 2005
im  schriftlichen  Verfahren  zu,  nachdem  ihm  wei-
tere  detaillierte  Informationen  vorgelegt  worden
waren."
```

Aus einer Betriebsvereinbarung über den Schutz gegen sexuelle
Belästigung:

```
Sexuelle Belästigung, die sich meist gegen Frauen
richtet,  und  Mobbing  gegen  einzelne  sowie  Dis-
kriminierung  nach  Herkunft  und  Hautfarbe  und  der
Religion,  stellen  am  Arbeitsplatz  eine  schwerwie-
gende  Störung  des  Arbeitsfriedens  dar  und  gelten
als  Verstoß  gegen  die  Menschenwürde  und  stören  den
Arbeitsfrieden.
```

Eingeschobene Sätze hemmen das flüssige Lesen. In unserem
Beispiel dauert es lange, bis man merkt, worauf es ankommt:

```
Sexuelle  Belästigung  und  Mobbing  betrachten  wir
als  Verstoß  gegen  die  Menschenwürde.
```

23

Das Adjektiv

Im Satz treten Eigenschaftswörter in drei Formen auf, als

▸ Beifügung (Attribut): Die frisierte Bilanz
▸ Satzaussage (Prädikat): Die Bilanz ist frisiert.
▸ Umstandswort (Adverb): Der Redner spricht überzeugend.

Überflüssige und falsche Adjektive vermeiden

Das System gilt sowohl für den Leitenden Ange-
stellten als auch die mitbestimmte Belegschaft
gleichermaßen. Das Leistungsniveau, der berufliche Erfolg und die nachhaltig erbrachte Leistung werden dazu von Vorgesetzten in jährlich
durchgeführten Beurteilungs- und Fördergesprächen
festgelegt.
Eigenschaftswörter blähen auf. Es wird viel Zeit verschwendet:
Die *erbrachte* Leistung, die *durchgeführten* Beurteilungsgespräche.
Welche Leistung, welche Beurteilungsgespräche sonst?

Auch sehr beliebt:

▸ Das ist *buchstäblich* gelogen. (Lüge bleibt Lüge!)

▸ Der *nachhaltige* Eindruck, den sie auf mich gemacht hat. (Ein Eindruck ist immer nachhaltig.)

▸ Er hat mich *restlos* überzeugt. (Überzeugt ist überzeugt!)

▸ Das war von *ausschlaggebender* Bedeutung. (Wenn etwas von
Bedeutung ist, gibt es den Ausschlag.)

Sind alle Adjektive überflüssig? Nein. Sie sind dann nützlich, wenn sie
etwas verdeutlichen, bewerten oder anschaulich machen:

▸ der fleißige Mitarbeiter
▸ die pfiffige, ideenreiche Mitarbeiterin
▸ die bedrückende Stille
▸ der blaue Himmel
▸ der aufsässige Mitarbeiter

Indikativ und Konjunktiv

Wir unterscheiden zwischen dem, was wirklich ist (Wirklichkeits-form), und dem, was geschehen könnte (Möglichkeitsform):

▸ Meine Oma schreibt: „Ich kann nicht kommen." (Direkte Rede)
▸ Meine Oma schreibt, sie könne nicht kommen. (Indirekte Rede)

Die indirekte Rede steht immer im Konjunktiv der Gegenwart (Konjunktiv I):

▸ Er sagte, dass er komme.

▸ Der Projektleiter sagte, dass die Konzeption erfolgreich umgesetzt worden sei. (Nicht *wäre!*)

▸ Der Bewerber erzählte, dass er in Hamburg wohne und dort als Kellner arbeite.

Es gibt noch den Konjunktiv der Vergangenheit (Konjunktiv II) als Ausdruck für das, was man sich vorstellt, denkt oder wünscht:

▸ Wenn er käme, wäre ich froh.
▸ Wenn er Zeit hätte, käme er.

Der Unterschied zwischen Konjunktiv I und II:

▸ Er sagte, er habe Geld. (Heißt: Er hat Geld)
▸ Sie sagte, er hätte Geld. (Heißt: Er hat kein Geld)

Beim Konjunktiv ist auch die Würde-Form erlaubt:

▸ Sie sagte, sie würde aus München kommen.
▸ Sie sagte, dass Sie aus München kommen würde.
▸ Ich würde gerne studieren, wenn ich die Möglichkeit hätte.

25

nicht so:	sondern so:
Genitiv	
Laut dem Protokoll der letzten Sitzung	Laut des Protokolls… oder: Laut Protokoll…
Herr Wille ist Anfang diesen Jahres zum Abteilungsleiter befördert worden.	… Anfang dieses Jahres…
Das Zwischenzeugnis wird auf Wunsch von Herrn Wolke wegen Wechsel des Vorgesetzten ausgestellt.	… wegen Wechsels…
Aktive statt passive Verben	
Gute Leistungen werden belohnt.	Wir belohnen gute Leistungen.
Um Antwort wird gebeten.	Bitte antworten Sie schnell.
Die Ware wird in zwei Wochen geliefert.	Wir liefern die Ware in zwei Wochen.
Umstandswörter der Art und Weise	
die zeitweise Steigerung des Kurses	Der Kurs stieg zeitweise.
die stufenweise Ausbildung	Die Ausbildung erfolgte stufenweise.
der schrittweise Abbau von Schulden	Die Schulden werden schrittweise abgebaut.
keine Übersteigerung von Adjektiven	
Er war der einzigste Bewerber.	Er war der einzige Bewerber.

nicht so:	sondern so:
der größtmöglichste Nutzen	der größtmögliche Nutzen
das nächstliegenste Ziel	das nächstliegende Ziel
die meistgelesenste Zeitung	die meistgelesene Zeitung
der schnellstmöglichste Weg	der schnellstmögliche Weg
die bestbewährteste Methode	die bestbewährte Methode

Modalverben

Wollen, dürfen, können, mögen, müssen, sollen, brauchen sind Modalverben. Ein Modalverb braucht ein weiteres Verb: ein Vollverb. Das wiederum steht im Infinitiv ohne zu: Er soll morgen länger arbeiten. Oft werden Modalverben ohne Sinn verwendet.

nicht so:	sondern so:
Der Chef sprach seinem Abteilungsleiter die Fähigkeit ab, Menschen führen zu können.	Der Chef sprach seinem Abteilungsleiter die Fähigkeit ab, Menschen zu führen.
Die Firma unterstützt Beschäftigte dabei, den Umgang mit neuen Medien noch besser für sich nutzen zu können.	Die Firma unterstützt Beschäftigte dabei, den Umgang mit neuen Medien noch besser für sich zu nutzen.
Der Vorstand kündigte an, im nächsten Jahr mehr Umsatz machen zu wollen.	Der Vorstand kündigte an, im nächsten Jahr mehr Umsatz zu machen.
Der Betriebsratsvorsitzende drohte, die Verhandlungen scheitern lassen zu wollen.	Der Betriebsratsvorsitzende drohte, die Verhandlungen scheitern zu lassen.

Das Komma

Reicht eigentlich ein gutes Sprachgefühl, um zu wissen, wo ein Komma gesetzt wird? In dem folgenden Text von Botho Strauß (Aus: *Der Untenstehende auf Zehenspitzen,* München 2004) habe ich alle Kommas gestrichen. Ihre Aufgabe ist es, die fehlenden Kommas einzufügen.

Dürfte ich das Unwort des Zeitalters bestimmen so käme nur eines in Frage: kommunizieren. Ein Autor kommuniziert nicht mit seinem Leser. Er sucht ihn zu verführen zu amüsieren zu provozieren zu beleben. Welch einen Reichtum an (noch lebendigen) inneren Bewegungen und entsprechenden Ausdrücken verschlingt ein solch brutales Müllschluckerwort! Mann und Frau kommunizieren nicht miteinander. Die vielfältigen Rätsel die sie einander aufgeben fänden ihre schalste Lösung sobald dieser nichtige Begriff zwischen sie tritt. Ein Katholik der meint er kommuniziere mit Gott gehört auf der Stelle exkommuniziert. Zu Gott betet man und man unterhält nicht sondern man empfängt eine Heilige Kommunion. All unsere glücklichen und vergeblichen Versuche uns mit der Welt zu verständigen uns zu berühren und zu beeinflussen die ganze Artenvielfalt unserer Erregungen und Absichten fallen der Ödnis und der Monotonie eines soziotechnischen Kurzbegriffs zum Opfer. Damit leisten wir dem Nichtssagenden Vorschub das unsere Sprache mit großem Appetit auffrisst.

Jetzt vergleichen Sie das Ergebnis mit dem Originaltext auf Seite 31. Die Entscheidung, welcher der beiden Texte übersichtlicher und leichter zu lesen ist, dürfte nicht schwer fallen.

Kommafehler entstehen nicht nur durch fehlende, sondern auch durch überflüssige Kommas. Hier als Beispiel zwei Sätze aus dem Internetportal eines Telekommunikations-Unternehmens:

Erfahrene Kompetenz eines erfahrenen Mitarbeiterteams, und eine innovative technische Infrastruktur ermöglichen es uns, für unsere Kunden ein Maximum an Quantität und Qualität zu erzielen.

Gemeinsam verfolgt man ein Ziel: Die Kunden zu begeistern, und ihnen immer und überall das Gefühl zu geben, bei uns gut aufgehoben zu sein.

Sie haben es vermutlich schnell bemerkt: In beiden Sätzen sind die Kommas vor dem *und* fehl am Platz. Hier gilt die Regel: Wenn *und* (das gilt auch für *oder*) zwei vollständige Sätze verbindet, wird ein Komma gesetzt, sonst nicht: Nur noch fünf Minuten, und sie kann mit ihrem Vortrag beginnen.

Bei Nebensätzen gleichen Grades steht kein Komma vor dem *und*: Weil er am Arbeitsplatz Alkohol getrunken hatte und damit gegen das Verbot verstoßen hatte, schickte ihn sein Chef nach Hause.

Komma beim Infinitiv

Die Grundform eines Verbs wird in der Grammatik als Infinitiv bezeichnet: arbeiten, lesen, trinken. Trifft der Infinitiv mit dem Wort *zu* zusammen, entsteht eine Infinitivkonjunktion, vor der in der Regel ein Komma steht:

▶ Sie beschloss, ins Bett zu gehen.
▶ Sie beschloss, nach dem Essen ins Bett zu gehen.
▶ Sie ging ins Bett, anstatt noch zu lesen.
▶ Um früh aufzustehen, sollte man früh zu Bett gehen.
▶ Es gehört zu seinen Aufgaben, Mitarbeitergespräche zu führen.

Komma zwischen zwei Sätzen

Das Komma trennt zwei selbstständige Teilsätze: *Hier stehe ich, ich kann nicht anders.*

Das Komma steht zwischen zwei Nebensätzen bzw. zwischen Haupt- und Nebensatz:

▸ Als ich in die Firma eintrat, lebte der Inhaber noch.

▸ Weil die Firma keine neuen Produkte angeboten hat, gingen die Umsätze zurück.

▸ Lasst uns die Ärmel hochkrempeln, damit wir die Krise überwinden.

▸ Der Disponent, der für die pünktliche Lieferung verantwortlich ist, wurde krank.

(Wer mehr über Kommasetzung wissen will: Duden – Komma, Punkt und alle anderen Satzzeichen, Bibliographisches Institut Mannheim, 5. überarbeitetete Auflage 2007)

Übung: Komma oder kein Komma?

a) Sie beschloss ins Bett zu gehen.
b) Er denkt nicht daran zu kommen.
c) Sie besitzt die Fähigkeit zuzuhören.
d) Er beschloss nach dem Essen ins Bett zu gehen.
e) Falls er seine Ziele erreicht wird der Bonus höher ausfallen.
f) Wenn es regnet fällt der Betriebsausflug aus.
g) Herr Meier telefonierte und unterschrieb dabei Briefe.
h) Herr Meier telefonierte und er unterschrieb dabei Briefe.
i) Als ich geboren wurde war der Krieg schon vorbei.

Lösungen
a) Komma vor „ins"
b) Komma vor „zu"
c) Komma vor „zuzuhören"
a), b) und c) sind Kann-Regelungen, das heißt, das Komma muss nicht unbedingt gesetzt werden!
d) Komma nach „beschloss"
e) Komma vor „wird"

f) Komma nach „regnet"
g) kein Komma
h) Komma vor „und"
i) Komma vor „war"

Und hier der Text von Botho Strauß, jetzt mit Kommas:

Dürfte ich das Unwort des Zeitalters bestimmen, so käme nur eines in Frage: kommunizieren. Ein Autor kommuniziert nicht mit seinem Leser. Er sucht ihn zu verführen, zu amüsieren, zu provozieren, zu beleben. Welch einen Reichtum an (noch lebendigen) inneren Bewegungen und entsprechenden Ausdrücken verschlingt ein solch brutales Müllschluckerwort! Mann und Frau kommunizieren nicht miteinander. Die vielfältigen Rätsel, die sie einander aufgeben, fänden ihre schalste Lösung, sobald dieser nichtige Begriff zwischen sie tritt. Ein Katholik, der meint, er kommuniziere mit Gott, gehört auf der Stelle exkommuniziert. Zu Gott betet man, und man unterhält nicht, sondern man empfängt eine Heilige Kommunion. All unsere glücklichen und vergeblichen Versuche, uns mit der Welt zu verständigen, uns zu berühren und zu beeinflussen, die ganze Artenvielfalt unserer Erregungen und Absichten fallen der Ödnis und der Monotonie eines soziotechnischen Kurzbegriffs zum Opfer. Damit leisten wir dem Nichtssagenden Vorschub, das unsere Sprache mit großem Appetit auffrisst.

Knapp und präzise schreiben

Wir sind alle nicht perfekt im Umgang mit unserer Muttersprache. Wir planen im Voraus, sprechen von anderen Alternativen, eigenhändiger Unterschrift, Rückantwort und Zukunftsprognose. Wir sprechen und schreiben von Zielsetzungen, Wertschöpfungsketten, Innovationspotenzialen, Produktportfolio, Fokussierungen,

Kommunikationsproblematik, vom Zeitkorridor und von Personalanpassungsmaßnahmen, obwohl Kündigungen gemeint sind. „Das ist ein weites Feld, Luise", lesen wir in Fontanes Roman Effi Briest und reden auch im Beruf von Geschäftsfeldern, Themenfeldern und Aufgabenfeldern. Auch im Wetterbericht begnügt man sich nicht mit Nebel, es müssen schon Nebelfelder sein.

Mehr Verben, weniger Substantive

Für den Sprachpfleger Wolf Schneider sind Verben die Königswörter, und wenn es nach Ludwig Reiners ginge, müsste das Verb „Tatwort" heißen und nicht Zeitwort oder Tätigkeitswort. In einem Punkt sind sich alle einig: Handlungen werden durch Verben wiedergegeben. Verben sind frisch, farbig, lebendig und anschaulich. Sätze mit vielen Hauptwörtern sind ermüdend. Aber es gibt auch Verben, auf die man besser verzichten sollte, weil sie keine richtigen Tatwörter sind: erfolgen, gelangen, vorliegen, sich befinden, sich belaufen, aufweisen, obliegen, beinhalten, bewerkstelligen, gehören, vergegenwärtigen. Man nennt sie auch tote Verben, Luftwörter, Spreiz- oder Blähverben.

Wer etwas zum Thema macht, greift etwas auf; wer ein Problem realisiert, hat sich die Schwierigkeit klar gemacht; wer Gefühle verbalisiert, drückt sie mit Worten aus; und wenn wir jemanden für eine Sache sensibilisieren, dann machen wir ihn dafür empfindsamer.

Bei diesen Verben können wir Zeit sparen, wenn wir die Vorsilbe weglassen, denn sie ist überflüssig:

▶   abändern
▶   aufzeigen
▶   anmieten
▶   aufoktroyieren
▶   absenken
▶   vorwarnen
▶   zuschicken
▶   ausleihen

So nützlich Verben auch sind, auf Hauptwörter können wir selbstverständlich nicht verzichten, es sei denn, sie sind abstrakt und aufgebläht. Beispiel *Problem*: Problembereich, Problematik, Problemfeld, Problemkreis, Problematisierung, Problemlösungspotenziale.

Manche Sätze in Geschäftsberichten müsste man eigentlich rückwärts lesen, um sie schneller zu verstehen: In dem durch globale und strukturelle Umwälzungen sowie überdurchschnittliches Wachstum gekennzeichneten Markt für Finanzdienstleistungen wollen wir unsere Marktposition speziell durch den Ausbau des Investment Banking weiter festigen.

Das kann man verständlicher und kürzer ausdrücken: Der Markt für Finanzdienstleistungen wächst, trotz der globalen und strukturellen Schwierigkeiten. Wir wollen das Investment Banking ausbauen und unsere Marktposition behaupten.

Es geht auch kürzer

nicht so:	sondern so:
in Erwägung ziehen	erwägen
Verzicht leisten	verzichten
zum Thema machen	aufgreifen
Stimmenthaltung üben	sich enthalten
in Vorschlag bringen	vorschlagen
in Augenschein nehmen	beachten
den Nachweis erbringen	nachweisen
transpirieren	schwitzen

nicht so:	sondern so:
Niederschläge	Regen
Witterungsabläufe	Wetter
sich befinden	sein
über etwas verfügen	haben
sich in der Lage sehen	können
unter Beweis stellen	beweisen
in Erscheinung treten	erscheinen
zum Einsatz kommen	einsetzen
als Ergebnis der…	wegen
wegen des Auftretens von…	weil

Phrasen und Tautologien

Die Bedenken, die der Betriebsrat geäußert hat, waren *schwerwiegende*, die Folgen *unausbleibliche*, über die *eingehende* Beratung wurde *strengstes* Stillschweigen vereinbart und die Beschlüsse werden zu *tiefgreifenden* Veränderungen führen.

Sie traben, fliegen und stolpern durch die Texte, die weißen Schimmel, schwarzen Raben, kleinen Zwerge, großen Riesen und die alten Greise. Der gute Stil wird vorläufig suspendiert, die Wohnung neu renoviert und nach der heißen Thermalquelle wollen wir eine Zukunftsprognose abgeben. Wir sparen Zeit, wenn wir auf die Doppelungen verzichten:

- defensive Abwehr
- erstes Debüt
- einzelne Details
- ostentativ zur Schau stellen
- besondere Spezialitäten
- Rückerinnerung
- die persönliche Anwesenheit des Geschäftsführers
- Absenkung
- Rückerstattung
- Fortentwicklung
- Einzelindividuum
- bewusst verzichten
- die übertragenen Aufgaben
- Fachexperte
- Gratisgeschenk
- Grundprinzipien
- obligatorische Pflichten
- vorplanen
- noch einmal wiederholen
- bis oben hin voll füllen
- innerer Kern
- lückenlose Aufklärung
- unbürokratische Hilfe
- zwingende Notwendigkeit
- ungelöster Widerspruch
- integrierender Bestandteil
- die überwiegende Mehrheit
- progressiver Fortschritt
- falsche Illusionen
- seltene Rarität
- häufig frequentieren
- Stillschweigen

Übung: Bitte streichen Sie die überflüssigen Wörter:

a) Bitte wiederholen Sie noch einmal Ihre Worte.

b) Dieser ältere Personenkreis interessiert sich besonders dafür.

c) Wir pflegen gewöhnlich eine dreißigminütige Mittagspause einzulegen.

d) Das habe ich Ihnen bereits schon einmal gesagt.

e) Natürlich müssen wir die einzelnen Details wissen.

f) Er rief telefonisch bei mir an.

g) Im Betrieb ist zumindest ein Mindestmaß an Anpassung notwendig.

h) Von der Kostenseite her ist das Produkt zu teuer.

i) Unsere Firma ist in 20 verschiedenen Ländern vertreten.

j) Zu unserem größten Bedauern sehen wir uns leider nicht in der Lage, die Ware früher liefern zu können.

Lösungen:
a) noch einmal, b) ältere, c) gewöhnlich, d) bereits, e) einzelnen
f) telefonisch, g) zumindest, h) Von der Kostenseite her
i) verschiedenen, j) können

Der präzise Ausdruck

Der Satz „Er motiviert seine Mitarbeiter" klingt zunächst einmal positiv. Aber auf den zweiten Blick ist dieser Satz doch sehr allgemein, schwammig und ungenau. Gemeint sein könnte: Er

▶ gibt seinem Team Impulse

▶ informiert rechtzeitig

▶ vereinbart Ziele und Leistungsstandards

▶ unterstützt seine Mitarbeiter bei ihren Aufgaben

▶ gibt ihnen eine Rückmeldung über ihre Leistungen

▶ fördert ihre berufliche Entwicklung

- gibt ihnen Freiräume für eigene Entscheidungen
- vermittelt ihnen das Gefühl, dass ihre Arbeit nützlich ist

Verständlich und anschaulich schreiben

Wir haben in unserem Sprachraum nur eine Sprache, nämlich Deutsch, unsere Muttersprache. Auch Wissenschaftler, Politiker, Manager und Juristen haben keinen Anspruch auf eine eigene Sprache. Auch für sie gilt, dass sie sich verständlich ausdrücken.

Unter der Überschrift „Executive Search" stellt sich ein Personalberater im Internet vor:

Die XXZ-Personalberatung hat in drei Jahrzehnten ihre Kompetenz im Bereich Executive Searchs unter Beweis gestellt. Unsere Klienten nutzen unsere Erfahrungen, unsere Professionalität und Sympathie bei der Suche nach CEOs, CFOs, COOs, Board-Directors oder anderen Senior-Level-Positionen. Dabei setzen wir erprobte und ständig optimierte Search- und Analysetools ein. Als strategischer Partner unserer Klienten wissen wir, dass es darauf ankommt, die durchsetzungsfähige Führungskraft zu finden, die in der Lage ist, ein Unternehmen zu prägen und auf Erfolgskurs zu halten.

Das ist Fachchinesisch. Damit wollen Berater zeigen, dass sie kompetent sind und professionell arbeiten. Verständliches Deutsch ist das nicht. Und was bitte ist ein strategischer Partner? Die Aussage des Textes lässt sich mit einem Satz sagen:

Wir sind Fachleute und suchen im Auftrag von Unternehmen Führungskräfte aller Ebenen.

Aus dem Geschäftsbericht eines Energie-Unternehmens:

Interne Maßnahmen zur Effizienzsteigerung führen dazu, dass Mitarbeiter Arbeitsplätze erhalten, die nicht immer auf die Basisqualifikation aufsetzen. Anpassungs- und Umschulungsmaßnahmen gewährleisten, dass die Mitarbeiter flexibel mit den neuen Anforderungen umgehen und Kündigungen vermieden werden können. In den Bereichen Vertrieb und Marketing besteht weiter großer Schulungsbedarf. Durch gezielte Fortbildungen werden die Mitarbeiter in ihren Aktivitäten zur Kundengewinnung und -bindung unterstützt.

Kann man das klarer und verständlicher formulieren? Sicher:

Wir wollen die Effizienz steigern und Kündigungen vermeiden. Das bedeutet, dass wir Mitarbeiter innerhalb des Unternehmens umsetzen und sie auf die neuen Aufgaben durch Schulung und Einarbeitung vorbereiten. In den Bereichen Vertrieb und Marketing haben wir die Weiterbildung verstärkt, um neue Kunden zu gewinnen und alte Kunden stärker an das Unternehmen zu binden.

Aus einem Fachartikel über Personalführung:

Die Erkenntnis, dass es so wie bisher nicht weitergeht, dass ein grundlegender Wandel erforderlich ist, und dass ohne einen solchen Wandel kein einziger Arbeitsplatz gehalten werden kann, muss allen Beteiligten deutlich werden. Nicht zu unterschätzen ist das sichtbare Bemühen, Mitarbeitertalent und Know-how in der neuen Organisation zu erhalten – die Belegschaft ist hier aufmerksamer als die Unternehmensleitung vermutet. Der Königsweg, das Abbauprojekt in die Unternehmenskultur einzubinden, führt über das deutliche Signal, betriebsbedingte Kündigungen nur als letztes Mittel einzusetzen.

Was will uns der Autor sagen? Kündigungen sollten das letzte Mittel sein.

Es muss nicht immer Englisch sein

Deutsche Unternehmen, die international tätig sind, sprechen auch in Deutschland von High-Performance-Kultur, Corporate Responsiblity, Portfolio, Best Practice und Benchmark. Auch bei deutschen Sätzen zeigen sie, dass sie auf der Höhe der Zeit sind, optimal aufgestellt (den Fußball im Kopf), in die Zukunft investieren (wer investiert schon in die Vergangenheit), auch mit innovativen Ideen, und kommunizieren ihr hervorragendes, wertsteigerndes Jahresergebnis. Sie zeigen mit ihrer Vision auf, wohin sich das Unternehmen in den kommenden Jahren entwickeln wird, und zwar auf der Basis der Grundwerte, die in der Corporate Identity festgeschrieben sind. Dabei steht selbstverständlich der Mensch im Mittelpunkt, auch wenn es gerade nicht um Entlassungen geht. In den Geschäftsberichten ist immer die Rede davon, dass nachhaltig eine lebenswerte Zukunft erwirtschaftet wird, mit profitablem Wachstum. Nachhaltigkeit (Sustainable Development) bedeutet: Wirtschaftlicher Erfolg in Verbindung mit Umweltschutz und gesellschaftlicher Verantwortung.

Bilder und Vergleiche

„Sein Portemonnaie ist leer, er hat all seine Worte schon verjubelt", sagte Horatio zu einem Höfling, der seinen Spruch aufgesagt hatte und dann schwieg. Eine Metapher wie hier im Hamlet von Shakespeare wird wohl kaum jemanden von uns gelingen, trotzdem können wir bei der ein oder anderen Gelegenheit eine bildhafte Sprache versuchen. „Ist es eigentlich schwierig, dieses neue Telefon zu bedienen?", fragte ein Kunde den Verkäufer. „Nein, wenn Sie die Bedienungsanleitung genau beachten, ist es einfach." Er hätte auch sagen können: „Nein! Das kann jedes Kind." Das wäre bildhaft gewesen. Wichtig dabei ist, bei einem Bild zu bleiben und schiefe Bilder zu vermeiden.

Aus einer Fachzeitschrift:

Wirtschaftswachstum, Arbeitslosigkeit, Neuver-
schuldung, alle Statistiken zeigen es uns:
Deutschland, der ehemalige Motor Europas wurde
stattdessen Schlusslicht.

Vom Motor zum Schlusslicht. Welches Bild hatte der Autor vor sich? Ein Auto, einen Zug oder einen Autozug? Das passt hinten und vorne nicht.

Aus dem Geschäftsbericht eines Automobil-Konzerns:

Was genau meinen wir mit Implementierung? Vielleicht kann man es am besten mit einem Bild
beschreiben: Wir verbinden jede einzelne Faser
dieses Unternehmens zu einem starken und eng
geknüpften Gewebe. Der intensive Austausch zwischen den einzelnen Bereichen ist das Rückgrat des
Unternehmens.

Von der Faser zum Rückgrat. Das Ergebnis ist das Luxusauto.

Ein Bankchef in einer E-Mail an seine Mitarbeiter:

Vielmehr haben wir die unternehmerische Verantwortung, aus Deutschland heraus eine Bank zu führen, die im Weltkonzert ganz vorne mitspielt.

Selbst in Arbeitszeugnissen, wo gewöhnlich eine sehr trockene und eine formelhafte Sprache verwendet wird, machen Bilder die Sache anschaulich:

- Sie ist sehr engagiert und schaut nicht auf die Uhr.
- Er behält auch unter Zeitdruck einen kühlen Kopf.
- Sie bleibt auch in der Hitze des Gefechts ruhig und selbstsicher.
- Er hat den Außendienst aufgebaut, neue Mitarbei-
ter eingestellt und zu einem Team zusammenge-
schweißt.

Sprachlich korrekt – stilistisch verbesserungswürdig? Eine Übung

Fragen

1

Ich habe gerade für einen Mitarbeiter im Außendienst ein Zwischenzeugnis formuliert. Ich habe meiner Kollegin das Zeugnis zum Gegenlesen gegeben. Sie stört das *Aufgrund* in diesem Satz, weiß aber nicht, warum.

`Aufgrund seiner umgänglichen, freundlichen und unkomplizierten Art war er bei unseren Kunden stets beliebt und geschätzt.`

Was soll an diesem Satz falsch sein?

2

Ich lese gerade in einer Pressemitteilung den Satz: `Einmal mehr müssen wir uns anstrengen, um das Vorjahresergebnis zu erreichen oder gar zu übertreffen.` Was stimmt hier nicht?

3

Mein Kollege hat heute morgen dieselbe Krawatte getragen wie ich. Oder heißt es *die gleiche* Krawatte?

4

Ich habe in der Kantine meiner Kollegin vom Betriebsfest erzählt, weil sie nicht dabei war. Dabei sagte ich: `Während des Betriebsfestes wurde viel getanzt.` Ist das korrekt?

5

Ich ging heraus, er kam herein, sie kam hinunter, er kam herunter. Wann ist was richtig?

6

Ich lese gerade in einem Vernehmungsprotokoll diesen Satz: `Er hielt ihn davon ab, nicht noch mehr zu trinken.` Ich stutze und werde das Gefühl nicht los, dass an dieser Formulierung etwas nicht stimmt. Ich weiß aber nicht, was.

7

Ich lese in der Zeitung: `Durch den Ärztestreik wurden Operationen verschoben.` Ist dieser Satz grammatisch richtig?

8

„Wegen Dir bin ich heute zu spät zur Arbeit gekommen", sagte mein Freund. Ist das eigentlich korrekt?

9

Mein Kollege erzählt mir, dass seine neue Freundin eine kürzliche Verabredung nicht eingehalten habe. Ist das korrektes Deutsch?

10

Meine Kollegin ist heute scheinbar krank, weil sie nicht kommt. Oder muss es *anscheinend* heißen?

11

Auf dem Verbotsschild steht: `Betreten für Unbefugte verboten!` Mein schlauer Sohn sagt, das sei falsch. Was soll an diesen vier Worten falsch sein?

12

Dieser Satz steht in einem Buch über Bewerberauswahl: `Belastbarkeit bezieht sich auf die Fähigkeit, schwierige Situationen und Frustrationen auszuhalten und eine positive Problemlöseorientierung beibehalten zu können.` Abgesehen von dem Wort *Problemlöseorientierung*, das es nicht gibt, kommt mir der Satz korrekt vor. Oder?

13

Im selben Buch über Bewerberauswahl: `Ich empfehle Ihnen die Kommentare direkt während des Interviews aufzunotieren.` Dieser Satz enthält zehn Wörter und zwei Fehler. Welche sind das?

Antworten

1

Aufgrund (oder auch auf Grund) bezeichnet laut Grammatik-Duden „den bewegenden Grund, aus dem etwas gefordert wird". Aufgrund ihres Geständnisses wurde Frau A. wegen Diebstahls fristlos entlassen. Deshalb muss es im Arbeitszeugnis heißen: `Wegen seiner umgänglichen, freundlichen und unkomplizierten Art` ...
Es gibt noch einen anderen Weg, den man gehen kann, wenn man unsicher ist: Den Satz umformulieren, wie zum Beispiel: `Herr Meier ist umgänglich, freundlich und unkompliziert und deshalb bei unseren Kunden sehr beliebt.`

2

Dieses *einmal mehr* ist die Übersetzung von „once more". Auf gut Deutsch müsste es heißen: „Von neuem (noch einmal) müssen wir uns anstrengen ..."

3

Dieselbe Krawatte kann er nicht tragen, denn die tragen schon Sie selbst, also ist es die gleiche, weil es ganz offensichtlich doch mehr als eine davon gibt. Japanische Schüler tragen Schuluniformen und sehen deshalb alle gleich aus, denn sie tragen die gleichen Schuluniformen. Da die Schüler aber jeden Tag diese Schulkleidung tragen, tragen sie jeden Tag dieselbe Schuluniform. Alles klar?

4

Wenn Sie das jetzt so sagen, glaube ich Ihnen, dass viel getanzt wurde. Sprachlich korrekt wäre allerdings: `Beim Betriebsfest (oder auf dem Betriebsfest) wurde viel getanzt.` *Während des Betriebsfestes* ist deshalb falsch, weil *während* eine gleichzeitige Handlung voraussetzt. Zum Beispiel, wenn Ihre Kollegin, die nicht auf dem Betriebsfest war, gesagt hätte: `Während ihr auf dem Betriebsfest getanzt habt, lag ich mit Grippe im Bett.`

5

Es kommt auf den jeweiligen Standort an. Wenn Sie in Ihrem Büro sind und eine Kollegin betritt Ihr Büro, dann *kommt* sie aus Ihrer Sicht *herein*, die Kollegin *geht* zu Ihnen *hinein*. Wenn Sie in Begleitung der Kollegin Ihr Büro verlassen, um zusammen in die Kantine zu gehen, dann verlassen Sie das Büro und *gehen hinaus*. So ähnlich ist es auch mit herunter und hinunter. Sie sind mit Ihrer Kollegin auf dem Weg zur Kantine, die im ersten Stock liegt; Ihr Büro befindet sich aber in der zweiten Etage. Da Sie zu Fuß gehen, *gehen* Sie die Treppe *hinunter*. Ein Kollege, der auf Sie wartet, steht an der Treppe im ersten Stock und sagt zu einem Kollegen: „Herr Kranz *kommt* gerade die Treppe *herunter*!"

6

Ihr Sprachgefühl hat Sie nicht im Stich gelassen. Das ist doppelt gemoppelt. Das Verb *abhalten* hat schon verneinenden Stil. Es muss also heißen: `Er hielt ihn davon ab, noch mehr zu trinken.`
Zwei andere Beispiele:
- `Ich treffe keine Entscheidung, bevor ich nicht mit ihm gesprochen habe.`
- `Sie riet ihm davon ab, nicht mit dem Zug zu fahren.`

In beiden Sätzen ist ein Wort zu viel: nicht.

7

Nein. Man muss unterscheiden zwischen *durch* und *wegen*. *Durch* bezeichnet das Mittel oder das Werkzeug: `Durch den heftigen Regen wurde die Straße überschwemmt.` *Aufgrund des heftigen Regens* wäre auch falsch. Jetzt sind Sie schon selbst auf die richtige Antwort gekommen: `Wegen des Ärztestreiks ...` Denn *wegen* bezeichnet die Begründung.

8

Das ist Umgangssprache. Schreiben sollte man es nicht. Korrekt ist in diesem Fall *deinetwegen*. Das gilt auch für:

- wegen mir   →   meinetwegen
- wegen ihm   →   seinetwegen

▶ wegen ihr   →   ihretwegen
▶ wegen euch   →   euretwegen
▶ Um was geht es?   →   Worum geht es?

9

Nein, *kürzlich* ist ein Umstandswort und wird hier als Adjektiv verwendet. Das ist falsch. Richtig ist: `Die Verabredung, die vor kurzem getroffen worden ist, wurde nicht eingehalten.`

10

Das kommt darauf an, ob sie wirklich krank ist, ob Sie annehmen, dass sie krank ist oder ob Sie vermuten, dass sie nur scheinkrank ist. Wenn Sie es nicht genau wissen, es aber vermuten, dass sie krank ist, müssten sie *anscheinend* oder *vermutlich* sagen. Wenn Sie *scheinbar* sagen, dann ist sie nicht wirklich krank. Aber woher wollen Sie das so genau wissen?

Anderes Beispiel: Was halten Sie von dem neuen Mitarbeiter? `Scheinbar ein guter Mann.` Ist es ein guter Mann? Danach nicht. Der Fall ist klar, wenn Sie sagen: `Die Erde dreht sich scheinbar um die Sonne.` Es sieht nur so aus, als ob es so wäre. In Wirklichkeit ist es umgekehrt.

11

Doppelt gemoppelt – zwei Worte sind überflüssig: für Unbefugte.

12

Können ist ein Modalverb und hier überflüssig.

13

Hinter *empfehle Ihnen* fehlt das Komma. *Aufnotieren* ist ein Pleonasmus, *notieren* ist völlig ausreichend.

 Diese Übung finden Sie auch auf der dem Buch beiliegenden CD-ROM.

Eine Sprache – viele Sprachen?

Die Sprache der Chefs

Der Schriftverkehr in Großunternehmen gehöre zum scheußlichsten, was durch den deutschen Sprachraum geistere, schreibt Wolf Schneider in seinem neuesten Buch „Deutsch" und fragt: „Warum schreiben Angestellte so?" Er vermutet, „dass sie Angst haben – Angst, von den Vorgesetzten nicht für wichtig genommen zu werden, wenn sie den Jargon nicht beherrschen, und Angst vor allem, schlichte Wörter würden die Dürftigkeit der Aussage offenkundig machen."

In der Sendung mit der Maus erklärt man Kindern und Erwachsenen anschaulich und verständlich was Solarenergie ist oder wie Kartoffelchips hergestellt werden. Die Macher der Sendung erklären komplizierte Dinge in einer einfachen Sprache. Einer der Macher, Christoph Biemann, sagt in einem Interview mit der Zeitschrift „personal-magazin", warum viele Experten sich unverständlich ausdrücken und viele Fachausdrücke, Fremdwörter und Bandwurmsätze verwenden: „Sie haben Angst, dass ihr Profil bei den Kollegen darunter leiden könnte, wenn sie unwissenschaftlich sprechen."

Auch Fach- und Führungskräfte in Unternehmen haben Angst, der Sache nicht gerecht zu werden, wenn sie sich einfach ausdrücken. Viele Mitarbeiter achten darauf, wie sich ihr Chef ausdrückt, dieser wiederum hat sich seine Ausdrucksweise von seinen Chefs abgeschaut. Und irgendwann denken alle, dass sie es sich nicht mehr leisten könnten, in einer einfachen Sprache zu sprechen und zu schreiben.

Die „gehobene Sprache" der höheren Etagen

Die Sprache in Unternehmen ist ausladend, mit vielen Substantiven und wenigen Verben und nicht immer verständlich und leicht zu lesen.

Aus einer Stellenanzeige, mit der ein Personalleiter gesucht wird:

Sie verantworten die komplette Betreuung von Mitarbeitern in verschiedenen Geschäftsfeldern und Tochtergesellschaften. Dazu unterstützen und beraten Sie die Bereichs- und Abteilungsleiter sowie die Geschäftsführer bei entsprechenden personalwirtschaftlichen Fragestellungen. Zudem gehört die intensive Zusammenarbeit mit anderen personalwirtschaftlichen Bereichen und der Holdinggesellschaft sowie die Sicherstellung der Zusammenarbeit mit den arbeitsrechtlichen Gremien zu Ihrem Aufgabenspektrum. Hinzu kommt die Gestaltung von neuen Konzepten sowie die Mitentwicklung und Realisation standortübergreifender personalpolitischer Maßnahmen. Auch die Führung und Motivation der in Ihrem Team tätigen Mitarbeiter ist eine ihrer vorrangigen Zielsetzungen.

Es sind die vielen Substantive, die dem Text scheinbar Bedeutung verleihen: die Geschäftsfelder, Fragestellungen, Bereiche, das Aufgabenspektrum, die Mitentwicklung, die standortübergreifenden personalpolitischen Maßnahmen und die unvermeidlichen Zielsetzungen. Wer so schreibt, hat noch viel Arbeit vor sich.

Die Firma hat 120 schriftliche Bewerbungen erhalten. Acht Bewerber bekommen eine Einladung zum Vorstellungsgespräch, vier einen Zwischenbescheid und 108 eine Absage. Wenn die Entscheidung gefallen ist, wer eingestellt wird, kommen sieben weitere Absagen dazu. Es muss also mindestens zwei Versionen von Absagen geben.

Zwei Personalmarketing-Agenturen haben bei einem Wettbewerb die „besten" Absagebriefe auf Initiativbewerbungen prämiert. Den dritten Preis hat ein japanischer Autokonzern mit diesem Text gewonnen:

Sehr geehrter Herr Eisberg,

vielen Dank für Ihre Geduld.
Sie haben sich beim richtigen Unternehmen beworben, leider jedoch im falschen Moment (1). Ihre interessanten Bewerbungsunterlagen haben uns zu einer intensiven Prüfung veranlasst (2). Dabei haben uns Ihre Qualifikation und Ihr bisheriger Werdegang nachhaltig beeindruckt (3).

Da in unserem Unternehmen jedoch keine Position vakant ist, die zu Ihrem Profil passt, sehen wir derzeit keine Möglichkeit, Sie Ihren vielversprechenden Fähigkeiten gemäß einzusetzen (4). Das muss jedoch nicht das letzte Wort sein! Um Sie nicht aus den Augen zu verlieren und im Fall einer neuen Perspektive mit Ihnen in Kontakt treten zu können (5), haben wir – Ihr Einverständnis vorausgesetzt – Ihr Profil elektronisch gespeichert. Um uns im Falle des Falles nicht zu verpassen, laden wir Sie parallel dazu herzlich ein, sich jederzeit unter www.xxx.de über unsere Stellenanzeigen zu informieren.

Für das uns entgegengebrachte Vertrauen (6) bedanken wir uns und wünschen Ihnen vorerst für Ihren weiteren beruflichen Werdegang viel Erfolg und ZoomZoom.

Mit freundlichen Grüßen

Anmerkungen dazu:
(1) Guter Satz
(2) Bürokratendeutsch!
(3) Ob der Eindruck wirklich lange anhält, darf man bezweifeln.
(4) *Ihren Fähigkeiten gemäß* klingt nach Behördendeutsch
(5) Marketingjargon, Grammatikfehler: *Können* ist ein Modalverb und hier überflüssig.
(6) *Für das uns entgegengebrachte Vertrauen* – Der erstaunlich frische Stil dieses Absagebriefes wird spätestens hier zu Grabe getragen.

Die Firma dankt ihrem Prokuristen für 25 Jahre treuer Mitarbeit. Muss es nicht heißen: 25 Jahre *treue* Mitarbeit? Ein Blick in den Duden (Briefe gut und richtig schreiben, 2002) fördert die Sprachkenntnis. Beides sei richtig, steht dort. Aber die Form *treuer Mitarbeit* „klingt gehobener". Und zum Abschied sagt der Firmenchef, auch wieder in gehobenem Deutsch: „Grüßen Sie bitte Ihre Frau Gemahlin!"

In der Gesellschaft von Gleichen sind eben nicht alle gleich, manche sind bekanntlich gleicher. Das drückt sich auch in der Sprache aus. Je höher die Position, desto „gehobener" die Ausdrucksweise. Anders ausgedrückt: Wer wichtig ist, spricht und schreibt auch so.

Aus einem Konzern-Geschäftsbericht:

Im Herbst 2005 hat der Konzern ein Programm zur umfassenden Effizienzsteigerung aufgelegt. Nach einem Jahr Laufzeit waren die tragenden Programm-strukturen erfolgreich etabliert. Im gesamten Konzern werden zahlreiche Projekte mit beträcht-lichem Ergebnispotenzial umgesetzt. Ein umfang-reiches Portfolio mit Methoden und Instrumenten unterstützt die effiziente Projektarbeit.

Die Effizienzsteigerung war umfassend, die Programmstruktu-ren tragend, das Ergebnispotenzial beträchtlich, das Portfolio umfangreich und die Projektarbeit effizient. Was will man mehr.

Überflüssige Adjektive gehören zur „gehobenen" Sprache wie das Salz in der Suppe. Sie machen das Leben bunt. Wenn wir formulie-ren: „Nach seiner Überzeugung...", klingt das schwach. Erst das Ad-jektiv *feste* macht eine Person glaubwürdig. Wenn im Unternehmen von Veränderung die Rede ist, klingt das harmlos wie Husten. Erst die Beifügung *tiefgreifend* macht aus dem Husten eine Lungenentzün-dung, was auch der Wirklichkeit näher kommt. Natürlich waren die Gespräche mit dem Betriebsrat nicht nur schlichte Beratungen. Es waren *eingehende* Beratungen, wie es sich bei seriösen Dingen gehört. Und die Bedenken, die der Betriebsrat vorgetragen hat, waren keine einfachen oder leichten, nein. Es waren *schwerwiegende* Bedenken.

Andere Bedenken würden auch überhaupt nicht zählen. Das ändert aber nichts an der Einstellung der Firmenleitung, auch weiterhin mit dem Betriebsrat *kooperativ* zusammenzuarbeiten.

Unternehmensleitbilder, Nachhaltigkeitsberichte und andere Euphemismen

Im Internet teilen Firmen der Öffentlichkeit mit, wofür sie stehen, welche Werte sie vertreten, wie es mit ihrer Kultur bestellt ist. Das haben sie in ihrem Unternehmensleitbild formuliert: In unserer Unternehmenskultur steht neben dem Menschen auch die nachhaltige Verfolgung wirtschaftlicher und sozialer Ziele im Fokus der Betrachtung. Im Brennpunkt meiner Betrachtung steht die Frage: Werden die Ziele jetzt verfolgt oder nur betrachtet?

Aus dem Nachhaltigkeitsbericht eines Pharma-Konzerns:
XYZ will innovative, ethische, wachstumsorientierte und herausfordernde Arbeitsplätze anbieten und verbindet damit die Erwartung, dass alle Mitarbeitenden zum Geschäftsergebnis beitragen und sich am Erfolg beteiligen.
Ob das mit den *ethischen Arbeitsplätzen* etwas wird, darf man bezweifeln. Aber dass sich alle Mitarbeitenden am Erfolg beteiligen, dürfte gewiss sein. Außerdem wird das Unternehmen zum Sprachschöpfer: Aus den Mitarbeitern und Mitarbeiterinnen werden *Mitarbeitende*. Auf den ersten Blick eine geniale Lösung. Man muss sich künftig nicht mehr mit zwei Formen, der männlichen und der weiblichen herumschlagen. Auf so etwas kommen eben nur Mitarbeiter, die *innovative Arbeitsplätze* haben.

Die sprachliche Verschleierungstechnik, den sogenannten Euphemismus, sei es aus Höflichkeit, aus Wunschdenken, Verharmlosung, Schönrederei, hat es immer gegeben, schon bei den Römern, den Verbrechen der Nazis, den Vietnam- und Golfkriegen:

▶ Im Bosnien-Krieg hat die Nato *erfolgreiche Einsätze* geflogen.

▶ Eine wohlgenährte, dicke Frau beschreibt man als *starke Frau*. Oder wie es der Romanautor Philip Roth ausdrückt: „Ihr Körper nahm mehr Raum ein als früher."

▶ Er hat zur *vollen Zufriedenheit* gearbeitet, steht in Arbeitszeugnissen, wenn man sagen will, dass die Leistung eher durchschnittlich war.

▶ Auch für Rausschmiss, Entlassung oder Kündigung haben sich Firmen etwas einfallen lassen: Sie nennen es umstrukturieren, freisetzen, rationalisieren, Personalabbau, Sanierung, Verschlankung, Freisetzung, Trennungskultur, sozialverträgliche Maßnahme, Personalanpassung.

Die Sprache der Juristen

Goethe, Kafka und Tucholsky waren Juristen und Meister der Sprache, was man von vielen der Zunft leider nicht sagen kann. Diese Berufsgruppe hält hartnäckig an ihrem Jargon fest, dem „Juristendeutsch". Richter sprechen von *wahren Tatsachen* und schreiben Sätze wie „Die Revision des Klägers ist unbegründet", obwohl der Kläger gute Gründe hatte. Was könnten sie meinen? Die Revision wird abgelehnt; die Gründe rechtfertigen keine Revision.

Sprache ist nicht logisch

Ein Buchmacher macht bekanntlich keine Bücher, sondern nimmt Wetten an; ein Walfisch ist kein Fisch, sondern ein Säugetier, was auch Laien wissen. Das Gegenteil von Ruhe ist die Unruhe; Unmengen ist aber nicht das Gegenteil von Mengen, sondern die Steigerung. Der Arzt verschreibt ein Rezept, aber verschreibt sich nicht dabei. Das Gegenteil von Vorteil ist Nachteil, aber das Gegenteil von Vorschlag ist nicht Rückschlag oder Nachschlag, sondern *kein* Vorschlag. Wir sprechen von Spannung und Entspannung, was aber ist das Gegenstück zu Frühstück? Spätstück? Nein, Abendbrot. Einen Kopf hat jeder, aber Köpfchen?

Sprache ist nicht logisch. Sie ist Konvention, Übereinkunft. Alle Kultursprachen haben eine lange Entwicklung hinter sich. Sie sind kein ausgeklügeltes System, sondern eine gewachsene Form der Verständigung.

Recht sei im Wesentlichen Sprache, schreibt der Rechtsprofessor Uwe Wesel. Die Sprache der Juristen, so Wesel, sei ungenau und unverständlich. Das Problem der Ungenauigkeit wird wohl kaum zu lösen sein, denn ein Tatbestand, ein Problem lässt sich nicht so präzise formulieren, dass alle Streitfälle, die später auftauchen, gelöst werden könnten. Alles logisch und genau zu formulieren, wird nicht gelingen. Die Sprache folgt eben nicht logischen Gesetzen. Die Logiker fordern die Entwicklung einer präzisen Sprache für Gesetze und Juristen, eine Sprache, die logisch einwandfrei funktioniert. Die Hermeneutiker machen es anders. Sie wissen, dass die Sprache nicht immer eindeutig, sondern vieldeutig und ungenau ist und gehen deshalb davon aus, dass man eine gewisse Unlogik nicht beseitigen kann. Das Wort „Hermeneutik" kommt aus dem Griechischen und bedeutet auslegen, erklären, übersetzen. Heute sind sich die Juristen weitgehend darüber einig, dass die Auslegung von Gesetzestexten objektiv sein müsse.

Was die Klarheit und Verständlichkeit angeht, ließe sich schon eine Lösung finden. Die Sprache im alten römischen Recht – und darauf beruht unser Rechtssystem – konnte jeder Bürger verstehen, ohne Jurist zu sein. Der Reichstag hat Ende des 19. Jahrhunderts den Entwurf des Bürgerlichen Gesetzbuches diskutiert, und eine Minderheit setzte sich dafür ein, dass der Gesetzestext so formuliert wird, dass er von den Bürgern verstanden wird. Wir wissen, wer sich durchgesetzt hat.

Der Universitätslehrer Helmut Köhler schreibt in der Einführung zur 50. Auflage der dtv-Ausgabe des Bürgerlichen Gesetzesbuches (BGB), 2001: „Wer zum ersten Mal einen Blick in das BGB wirft, wird enttäuscht sein. Die Sprache ist antiquiert, die Sätze sind kompliziert und die

Begriffe abstrakt. Der Laie hat Schwierigkeiten, das Gemeinte zu verstehen. Das BGB erhebt auch gar nicht den Anspruch, anschaulich und volkstümlich zu sein: Es spricht nicht zum Bürger, sondern zum Juristen; es ist von Juristen für Juristen gemacht." Das ist eine zutreffende Beschreibung des Ist-Zustandes. Vorhang zu und alle Fragen offen. Man könnte das Problem noch arbeitsmarktpolitisch sehen. Wenn Nichtjuristen auch noch verstehen, was im BGB steht, dann brauchen wir bestimmt nicht mehr so viele Juristen.

Die Gerichtssprache ist deutsch. Doch bei Gericht, so Uwe Wesel, werde eine andere Sprache als Deutsch gesprochen: sehr abstrakt, wenig anschaulich, lange Sätze, viele Substantive.

Begeben wir uns in die Niederungen des betrieblichen Alltags. Zwei Beispiele aus einem Arbeitsvertrag:

```
Nach Ablauf der Probezeit kann das Arbeitsverhält-
nis nach dem jeweils gültigen gesetzlichen Fristen
gekündigt werden.
```

Gültig sollten sie schon sein, aber wer hat schon ein BGB im Schrank?

Wenn jemand krank ist, muss er in den ersten drei Tagen eine Arbeitsunfähigkeitsbescheinigung vorlegen. Im Arbeitsvertrag steht aber:
```
Im Falle der Erkrankung muss vor Ablauf
des dritten Tages eine Bescheinigung über die
Dauer der Erkrankung vorgelegt werden.
```

Gesetzes-Deutsch

```
Ist auf Straßen mit mehreren Fahrstreifen für eine
Richtung das durchgehende Befahren eines Fahrstrei-
fens nicht möglich oder endet ein Fahrstreifen, so
ist den am Weiterfahren gehinderten Fahrzeugen der
Übergang auf den benachbarten Fahrstreifen in der
Weise zu ermöglichen, dass sich diese Fahrzeuge
unmittelbar vor der Verengung jeweils im Wechsel
```

nach einem auf dem durchgehenden Fahrstreifen fahrenden Fahrzeug einordnen können.

Was meint dieser Auszug aus der Straßenverkehrsordnung? Wenn eine Spur auf mehrspurigen Straßen gesperrt ist, müssen sich die Fahrzeuge nach dem Reißverschluss-Prinzip in den laufenden Verkehr einfädeln.

Im Bundeserziehungsgeldgesetz steht: Erziehungsgeld wird vom Tag der Geburt bis zur Vollendung des 24. Lebensmonats gezahlt. Was spräche gegen diese Formulierung: Erziehungsgeld wird vom Tag der Geburt an zwei Jahre lang gezahlt. Das ist kürzer und versteht jeder. Viele Leute haben Schwierigkeiten mit dem Begriff „Vollendung". Juristen halten das offenbar für eine präzise Formulierung, in Wirklichkeit verwirren sie Laien damit. Es handelt sich um ein völlig überflüssiges Wort.

In Paragraf 1 des Betriebsverfassungsgesetzes wird gesagt, wer Betriebsräte wählen darf: In Betrieben mit in der Regel mindestens 5 ständigen wahlberechtigten Arbeitnehmern ... werden Betriebsräte gewählt. Wer wahlberechtigt ist, erfährt der Leser erst in Paragraf 7: Wahlberechtigt sind alle Arbeitnehmer, die das 18. Lebensjahr vollendet haben. Wenn geborene Juristen volljährig werden, sagen sie wahrscheinlich nicht: „Heute bin ich 18 geworden", sondern „Mit der Vollendung meines 18. Lebensjahres bin ich volljährig und damit voll geschäftsfähig geworden."

Vom Bürgerlichen Gesetzbuch einmal abgesehen, sind die meisten Gesetze in der demokratischen verfassten Bundesrepublik Deutschland entstanden. Aber sind sie deshalb besser zu verstehen? Hier ein Auszug aus dem Kündigungsschutzgesetz:

§ 1 Sozial ungerechtfertigte Kündigungen
(1) Die Kündigung des Arbeitsverhältnisses gegenüber einem Arbeitnehmer, dessen Arbeitsverhältnis in demselben Betrieb oder Unternehmen länger als sechs Monate bestanden hat, ist rechtsunwirksam, wenn sie sozial ungerechtfertigt ist.

(2) Sozial ungerechtfertigt ist die Kündigung, wenn sie nicht durch Gründe, die in der Person oder in dem Verhalten des Arbeitnehmers liegen, oder durch dringende betriebliche Erfordernisse, die einer Weiterbeschäftigung des Arbeitnehmers in diesem Betrieb entgegenstehen, bedingt ist.

Wer soll das verstehen? Was sind *dringende betriebliche Erfordernisse*? Wenn das Lager brennt, muss dringend gelöscht werden. *Dringend* bedeutet laut Duden *eilig* und duldet keinen Aufschub. Gemeint sind betriebliche Gründe, wie Auftragsmangel oder Rationalisierung. Der Gesetzgeber sagt *dringend*, meint aber *zwingend*.

Richter-Deutsch

Jura-Studenten lernen schon im ersten Semester, dass es untere und höhere Instanzen und demzufolge auch Richter mit höheren Einsichten gibt, was sich nicht zwangsläufig in der Sprache niederschlägt. In einem Urteil des Bundesarbeitsgerichts heißt es: Mit seiner Klage nimmt der Kläger die Beklagte auf Erteilung eines abgeänderten Zeugnisses sowie auf Schadenersatz in Anspruch. Kein Student könnte sich selbst im Traum stattdessen diese Formulierung vorstellen: Der Kläger möchte, dass sein Zeugnis geändert wird. Außerdem fordert er Schadenersatz.

Die Sprache der Richter kommt der des Gesetzgebers recht nah. Hier ein paar Beispiele aus Urteilen des Bundesarbeitsgerichts.

Das Zeugnis soll einerseits dem Arbeitnehmer als Unterlage für eine neue Bewerbung dienen, andererseits soll es einen Dritten, der die Einstellung des Zeugnisinhabers erwägt, über den Arbeitnehmer unterrichten.

Ist das Arbeitszeugnis eine Unterlage? Es besteht kein Zweifel, dass das Arbeitszeugnis zu den Bewerbungsunterlagen gehört. Das Gericht folgt der Logik: Der Singular von Unterlagen ist die

Unterlage. Aber die Sprache folgt selten der Logik. Eine Unterlage ist etwas ganz anderes: Unterbau, Sockel, Stütze oder das, was untergelegt wird, wie Tuch, Decke, Platte, Polster. Ein Arbeitnehmer aber braucht das Zeugnis nicht als Unterlage, sondern um sich zu bewerben.

In einem anderen Urteil des Bundesarbeitsgerichts heißt es: Der Kläger verlange die Erwähnung von Aufgaben, die er entweder gar nicht wahrgenommen habe oder die jedenfalls seiner Tätigkeit nicht das Gepräge gegeben haben. Es sind die vielen Substantive, die diesem Satz das Gepräge geben. Positiv ist, dass das Gericht den Konjunktiv verwendet. Wo findet man das heute noch? Weiter im Urteil: Die von der Beklagten gewählte Formulierung bringt zum Ausdruck, dass die Leistungen des Klägers befriedigend waren, und zwar bei allen übertragenen Aufgaben.

Bei welchen Aufgaben sonst?

Briefe von Rechtsanwälten

Die Briefe von Anwälten beginnen immer gleich:

▶ in obiger Sache kommen wir zurück ...

▶ in obiger Angelegenheit nehmen wir Bezug ...

▶ in vorbezeichneter Angelegenheit überreiche ich anliegend ...

Die *obige Sache* ist bereits in der Betreffzeile beschrieben und deshalb überflüssig. Überflüssig ist auch die Bestätigung des Zahlungseingangs: In obiger Sache hatten Sie auf unser Schreiben vom 29.3.2007 unsere Kostenrechnung vom selben Tage ausgeglichen, was wir der guten Ordnung halber noch bestätigen. Oder: In der obig bezeichneten Sache beziehe ich mich auf unsere Besprechung am 10.1.2007 und überreiche Ihnen anliegend die fristwahrend eingereichte Verteidigungsanzeige.

Beispiel eines vollständigen Rechtsanwaltsbriefes:

```
Anordnung der Gemeinde X vom ...
Unser Gespräch vom ...
Mandatsbestätigung
```

Sehr geehrter Herr Mustermann,

in obiger Sache kommen wir zurück auf unser gemeinsames Gespräch (1) vom ... und bestätigen zunächst der guten Ordnung halber die Übernahme des uns von Ihnen angetragenen Mandats (2). Die uns übergebenen Unterlagen haben wir zwischenzeitlich durchgesehen (3).
Wie besprochen haben wir zunächst ein Schreiben an die Gemeinde X vorbereitet, welches wir Ihnen vorab im Entwurf zur Kenntnis übersenden (4). Wir bitten um kritische Durchsicht sowie um Mitteilung von Änderungs- und Ergänzungsvorschlägen (5), die aus Ihrer Sicht erforderlich sind. Sollten Sie mit dem Entwurf einverstanden sein, bitten wir ebenfalls um eine kurze telefonische Nachricht.

Da der Bescheid vom ... mit keiner Rechtsbehelfsbelehrung versehen war, kann die Klagefrist frühestens zum ... ablaufen.

Im Hinblick auf unseren Entwurf erwarten wir nunmehr Ihre Rückantwort (6).

Mit freundlichen Grüßen

Anmerkungen:

(1) *gemeinsames Gespräch* – Doppelt gemoppelt: Ein Gespräch ist immer gemeinsam.
(2) *... des uns von Ihnen angetragenen Mandats* – Kanzleideutsch: Welches Mandat sonst?
(3) *Die uns übergebenen Unterlagen haben wir durchgesehen.* – Es wäre besser gewesen, wenn der Anwalt sie auch gelesen hätte (hat er vermutlich auch getan).
(4) *... zur Kenntnis übersenden* – Bürokratendeutsch und außerdem zu lang. Schicken oder senden reicht aus.
(5) *... Mitteilung von Änderungs- und Ergänzungsvorschlägen...* – Wer etwas ergänzt, ändert den Text.
(6) *Rückantwort* – Antwort genügt.

So könnte man diesen Brief knapper und verständlicher formulieren:

```
Sehr geehrter Herr Mustermann,

danke, dass Sie uns das Mandat übertragen haben. Wir
haben die Unterlagen studiert, den Fall geprüft und
einen Brief an die Gemeinde X entworfen. Bitte prü-
fen Sie den Entwurf, ob alles Wichtige berücksichtigt
worden ist. Bitte teilen Sie uns mit, ob Sie mit dem
Text einverstanden sind oder ob Sie Änderungsvorschlä-
ge haben.

Der Bescheid der Gemeinde X enthält keine Rechtsbe-
helfsbelehrung. Das bedeutet, dass die Klagefrist frü-
hestens am ... abläuft.

Mit freundlichen Grüßen
```

Grundstücks-Kaufverträge können nur bei einem Notar abgeschlossen werden. Am Schluss des Vertrages steht dieser Text: `Die Vertrags-` `parteien sind darüber belehrt worden, dass eine unrich-` `tige Angabe des Kaufpreises bei Grundstücksgeschäften` `eine Strafverfolgung nach sich ziehen und die Nichtig-` `keit des gesamten Vertrages zur Folge haben kann.`

Die Belehrung von Käufer und Verkäufer durch den Notar ist kostenpflichtig. Aus diesem Grund würden die Vertragspartner gerne auf eine Belehrung verzichten. Hier schlüpft der Notar in die Rolle des Staates: Wenn du lügst, wirst du bestraft. Ist das mit der Vertragsfreiheit überhaupt vereinbar?

Zur Sprache: Belehren heißt unterweisen, aufklären, zurechtweisen. Das steht eindeutig im Widerspruch zur Freiwilligkeit. Und einen mündigen Staatsbürger darüber zu belehren, dass er nicht lügen darf, ist eine Anmaßung. Daraus folgt, dass man auf diese Formulierung verzichten sollte. Was sollte ein Notar schreiben, wenn er auf die Belehrung nicht verzichten will? `Ich habe Käufer und Verkäufer` `darauf hingewiesen, dass hier der tatsächliche Kaufpreis` `anzugeben ist. Einen fingierten Kaufpreis zu vereinba-` `ren ist strafbar und führt dazu, dass der Kaufvertrag` `nichtig ist.`

Die Sprache in Stellenanzeigen

Stellenanzeigen gleichen häufig Heiratsanzeigen. Firmen stellen sich in einem günstigen Licht dar und übertreiben bei der Beschreibung der Position, die sie anbieten. Personalberatern fällt es besonders leicht, dies im Namen ihres Auftraggebers zu übernehmen. Beispiel:

`Unser Klient ist die deutsche Tochtergesellschaft` `eines weltweit erfolgreichen forschenden Pharma-` `konzerns und genießt dank der hochwertigen Pro-` `duktpalette in anspruchsvollen Indikationsgebieten` `eine exzellente Reputation (...) Um unsere dar-`

aus resultierende stark wachsende Personalstruktur auch in Zukunft weiterhin qualifiziert betreuen zu können, suchen wir zum nächstmöglichen Zeitpunkt eine fachlich souveräne Persönlichkeit (m/w), die als Personalreferent ein breit gefächertes Aufgabenspektrum zu übernehmen in der Lage ist.

Die Berater formulieren in der „Sprache des Erfolgs", wenn auch nicht immer richtig:

▶ weltweit erfolgreich forschender Pharmakonzern
▶ hochwertige Produktpalette
▶ anspruchsvolle Indikationsgebiete
▶ exzellente Reputation
▶ souveräne Persönlichkeit

Mit einfachen, aber qualifizierten Fachleuten gibt man sich nicht zufrieden. Das irritiert Bewerber, die sich bei so viel Exzellenz doch eher klein vorkommen.

Was man in Stellenanzeigen so liest:

Wir suchen für diese wichtige und ambitiöse Position eine erfahrene Führungspersönlichkeit.
Kann eine Position ehrgeizig sein?

Das Umfeld ist freizeitinteressant.
Eine interessante Wortschöpfung, ausgerechnet in einer Stellenanzeige, in der die Arbeit im Mittelpunkt steht.

Vertriebsleiter von der Stange haben hier keine Chance.
Ich weiß nicht genau, was die Firma damit meint. Sollen die Bewerber aus der Textilbranche kommen?

Wir suchen einen gut ausgebildeten Internal Sales Executive für unser Headquarter in München, der fähig ist, in einem temporeichen Team zu arbeiten.
Was ist ein temporeiches Team?

Sie sollten über gute Kenntnisse der englischen Sprache verfügen.
Es wäre gut, wenn der künftige Mitarbeiter auch Englisch sprechen könnte.

Sie verfügen über einen effizienten Arbeitsstil.
Keine Führungskraft ist in diesem Punkt von Selbstzweifeln geplagt.

Sie übernehmen sämtliche Aufgaben der qualitativen und quantitativen Personalbeschaffung.
Sie suchen die richtigen Mitarbeiter.

Sie zeichnen sich durch hohe Belastbarkeit aus und verfügen über hohe Zeitmanagement-Kompetenz.
Sprach-Kompetenz wäre auch nicht schlecht.

Ihre Aufgabe wird es sein, neue Kunden zu akquirieren, kompetent zu betreuen und ständig weiterzuentwickeln.
Kunden weiterentwickeln? Das müssen diese schon selbst machen.

Der Personalbetreuungsrahmen erstreckt sich auf 450 Mitarbeiter.
Ein neues Wort für das „Substantiv-Wörterbuch für Organisationen"

Kontakt- und Teamfähigkeit sowie überzeugende soziale Kompetenz stehen bei Ihnen im Vordergrund.
Und was im Hintergrund?

Im Zuge der Altersnachfolge suchen wir…
Was folgt dem Alter? Die Rente.

Die Förderung Ihrer Mitarbeiter und das Heben vorhandener Potenziale liegt Ihnen am Herzen und ist notwendige Voraussetzung für die erfolgreiche Weiterentwicklung des Personalbereichs.

Hoffentlich gibt es genügend Taucher, die den Schatz heben.

Sie verfügen über praxiserprobte Arbeitsrechts-Kenntnisse, ein kommunikationsstarkes Auftreten und ein natürliches Talent für aktives Zuhören.

Praxiserprobte Arbeitsrechtskenntnisse gibt es noch nicht, nur Kenntnisse, die man erwerben und dann anwenden kann. Man kann nur spekulieren, was kommunikationsstarkes Auftreten sein könnte. Vielleicht der sprechende Schuh? Und jetzt noch die Preisfrage der Woche: Gibt es ein natürliches Talent für aktives Zuhören? Den ersten Preis hat jemand gewonnen mit dieser Antwort: Ich kenne einen Taubstummen, der hat dieses Talent.

Sie verfügen über einen akademischen Hintergrund.

Ich hatte schon befürchtet, man verlangt ein Studium.

Wir rekrutieren und entwickeln unsere Mitarbeiterinnen und Mitarbeiter über die unmittelbaren Stellenanforderungen hinaus.

Die Mitarbeiter müssen sich schon selbst entwickeln.

Anzeigenleiter gesucht: Der richtige Kandidat hat soziale Kompetenz und eine positive Ausstrahlung und versteht es, sowohl Kunden als auch Kollegen und Mitarbeiter zu motivieren und zu überzeugen.

Wozu soll er die Kollegen motivieren und wovon überzeugen?

Personalassistentin: Sie bearbeiten die vielfältigen Aufgabenstellungen in einer Personalabteilung.

Es würde doch reichen, wenn sie ihre Aufgaben erledigt, oder?

Einkäufer: Gutes Englisch, idealerweise in einem Auslandsaufenthalt erprobt, bringen Sie mit.
Vergessen Sie es bitte nicht zu Hause!

Wir denken an einen Führungstypus, der generalistisch orientiert ist und über geistige Neugier verfügt.
Neugierig wäre ich schon, aber geistig?

Wir erwarten Vertriebsaffinität.
Hoffentlich finden sie jemand, der auch verkaufen kann.

Wir sind ein führender Projektentwickler, der aus Bauland Immobilien macht.
Es geschehen noch Wunder.

Für diese komplexe Aufgabe suchen wir das Gespräch mit einer hochschulausgebildeten Unternehmerpersönlichkeit.
Der Personalberater gibt sich bescheiden. Andere suchen gleich den Kandidaten, er zunächst das Gespräch.

Thank God it`s Monday
Überschrift in einer Stellenanzeige eines IT-Unternehmens. Kommentar: überflüssig!

Die Sprache in Bewerbungsbriefen

Bevor man etwas formuliert – kurz und klar – stellt sich die Frage: Was kann man weglassen? Alles, was der Leser schon weiß, und das, was er sich selbst denken kann, das Selbstverständliche eben. Das gilt selbstverständlich auf für Bewerbungsbriefe.

Überflüssiges weglassen

Worauf man sich bezieht, sollte im Betreff stehen: Stellenanzeige „Buchhalter" – Kieler Nachrichten 12.12.06. Einleitungssätze wie die folgenden sind überflüssig. Sie sind Zeit- und Platzverschwendung. Das hat für viele Bewerber auch den Vorteil, dass mit den gestrichenen Sätzen auch das holprige Deutsch verschwindet.

Gestern ist mir Ihre Anzeige im Hamburger Abendblatt positiv aufgefallen.
Sonst würde man sich ja auch nicht darauf bewerben.

Bezugnehmend auf Ihre Stellenanzeige in der FAZ vom 19.2.07 möchte ich mein großes Interesse an der Position des Geschäftsführers mitteilen.
Darauf verzichten Personalleute zu gerne.

Aufgrund meines fachlichen Studienschwerpunktes sowie praktischer Vorerfahrungen bin ich an einer Stelle als Lektorin besonders interessiert und bewerbe mich deshalb bei Ihnen.
Ausgerechnet eine Lektorin!

Wie ich aus Ihrer Anzeige im Hamburger Abendblatt erfuhr, suchen Sie einen Marketing-Assistenten mit folgendem Profil:
Spätestens jetzt kommt schlechte Stimmung auf: Der Leser kennt das Profil. Er hat es selbst formuliert.

Da ich die in der Anzeige beschriebenen Anforderungen erfülle, bewerbe ich mich hiermit auf die ausgeschriebene Position.
Genau dies setzt die Firma voraus.

Ich überreiche Ihnen meine Bewerbungsunterlagen mit der Bitte, mich bei der Besetzung von Ausbildungsstellen in Ihrem Unternehmen zu berücksichtigen.

Warum sonst? Übrigens: Botschafter überreichen Beglaubigungs-schreiben, Bewerber überreichen nichts.

Aus dem Hamburger Abendblatt entnahm ich, dass Sie einen Verkaufsberater suchen.
Ich habe derselben Ausgabe ein Werbeprospekt entnommen.

Gern bewerbe ich mich auf Ihre Stellenanzeige für den freien Platz als Vertriebsmitarbeiter.
Ich suche ein freies und warmes Plätzchen.

Ich bitte Sie, mich in Ihrem Betrieb als Personalsach-bearbeiterin einzustellen.
Eine Bitte muss reichen?!

Ihr Stellenangebot ist mir spontan aufgefallen.
Ja, dann.

Hauptwörter-Stil und unnötige Adjedktive vermeiden

Bei vielen Hochschulabsolventen hat sich ein Stil breit gemacht, der offenbar für eine besondere Form des Ausdrucks gehalten wird, in Wirklichkeit aber Geschwafel ist. Wer schwafelt, benutzt viele Haupt-wörter und wenig Verben.

Durch eine Neustrukturierung von Bereichen und Funktionen in meiner jetzigen Beschäftigung ent-fallen offerierte Perspektiven. Meine Identifikati-on mit den Aufgaben führt mich konsequenterweise zu der Entscheidung, eine neue ansprechende Aufga-be und Perspektive zu suchen.
Was ist gemeint? Der Bewerber sucht eine Aufgabe, bei der er seinen beruflichen Horizont erweitern kann.

Ich bewerbe mich um eine interessante und entwicklungsfähige Aufgabe. Aufgrund der durch mein betriebswirtschaftliches Studium und meiner jetzigen Tätigkeit als Produktmanager gewonnenen Erfahrungen und Kenntnisse bin ich mir sicher, die für eine Aufgabe als Marketing-Assistent notwendigen Voraussetzungen sowie das Engagement und die Freude an der Materie mitzubringen.

Das ist nicht nur aufgeblasen, sondern auch übles Papierdeutsch! Der Bewerber benutzt in nur zwei Sätzen drei unnötige Beiwörter:

- ▶ entwicklungsfähige Aufgabe
- ▶ gewonnene Erfahrungen
- ▶ notwendige Voraussetzungen

Die Abschlusssätze und der Konjunktiv

Der Konjunktiv kommt offenbar aus der Mode, auch in Bewerbungsschreiben: Ich würde mich freuen, wenn Sie meine Bewerbung berücksichtigen. Beim Konjunktiv unterscheiden wir zwischen dem, was tatsächlich ist, und dem, was geschehen könnte. Diese Form ist im Deutschen deshalb so schwierig, weil sie bei Zeitwörtern genauso lautet wie die Wirklichkeitsform. Der Konjunktiv der Vergangenheit kann auf zwei Arten gebildet werden: Mit der Beugung des Verbs (ich ginge, ich könnte) oder mit dem Hilfszeitwort „würde". „Ich würde mich freuen, wenn er käme" Oder in einem Bewerbungsbrief: „Ich würde mich freuen, wenn Sie mich zu einem Vorstellungsgespräch einlüden". Das klingt altbacken. Wie kann man es besser schreiben?

Sollten Sie an meiner Mitarbeit interessiert sein, würde ich mich freuen, wenn Sie mich zu einem persönlichen Gespräch einladen.

Es fehlt der Konjunktiv. Das stört manchen Personalchef, vor allem dann, wenn es ein ehemaliger Deutschlehrer ist.

67

Ich würde mich sehr freuen, wenn Sie mir Gelegenheit zu einem persönlichen Gespräch geben würden.
Zweimal *würde* klingt nicht gut und ist auch falsch.

Was tun? Umschiffen Sie den Konjunktiv: Über eine Einladung zu einem Vorstellungsgespräch würde ich mich freuen.

Hier ein paar Abschlusssätze aus Original-Bewerbungsschreiben:

Wenn es Ihre Zeit erlaubt, würde ich mich über ein persönliches Gespräch mit Ihnen freuen.
Sonst nicht?

Sollten Sie anhand der beiliegenden Unterlagen in mir einen Kandidaten erkennen, würde ich mich über einen Gesprächstermin sehr freuen.
Man kann es auch umständlich sagen.

Ich wäre Ihnen sehr dankbar, wenn Sie mich in Ihrem Hause zum Drogisten ausbilden würden.
Das ist keine Aussage und klingt unterwürfig.

Bitte prüfen Sie die beiliegenden Unterlagen. Für einen Vorstellungstermin in Ihrem Hause bin ich dankbar.
Bürokratendeutsch

Ich würde mich freuen, wenn Sie meine Bewerbung berücksichtigen.
Unterwürfig und ohne Konjunktiv

Ich möchte gern ein persönliches Gespräch mit Ihnen führen, um Ihnen mitzuteilen, wie eine künftige Zusammenarbeit zwischen uns aussehen könnte. Bitte teilen Sie mir mit, wann wir einen persönlichen Gesprächstermin vereinbaren könnten.
Total daneben!

In einem persönlichen Gespräch möchte ich Ihnen die Möglichkeit geben, sich ein Bild von mir zu machen.
Wie großzügig!

Bei sich ergebenden Fragen aus meiner Bewerbung stehe ich Ihnen selbstverständlich jederzeit zur Verfügung. Auch mit einem persönlichen Gespräch, in welchem weitere Details erörtert werden können, bin ich einverstanden.
Umständlicher geht es nicht.

Das Anforderungsprofil entspricht meinen beruflichen Vorstellungen. Deshalb bin ich der Meinung, dass wir uns kennenlernen sollten.
Wenn das ein triftiger Grund wäre, dann schon. Aber es ist nur eine persönliche Meinung.

Ratschläge aus dem Internet

In den Stellenbörsen im Internet findet man oft Bewerbungstipps und Muster-Bewerbungsschreiben. Auf den ersten Blick sieht das professionell aus, ist aber nicht selten recht stümperhaft gemacht. Hier vier Beispiele, die nicht zu empfehlen sind, mit Verbesserungsvorschlägen:

Beispiel 1: Bewerbung um einen Trainee-Platz

Sehr geehrter Herr Müller,

mit Interesse habe ich Ihr Stellenangebot in der FAZ gelesen.(1)

In Kürze werde ich mein BWL-Studium abschließen und suche eine Einstiegsaufgabe. Ihre Bank ist mir als fortschrittliches und führendes Unternehmen bekannt. (2)

Das von Ihnen beschriebene Trainee-Programm deckt sich mit meinen Erwartungen für eine Anfangsposition im Bankbereich.

Weitere Informationen über meinen bisherigen Werdegang entnehmen Sie bitte dem beigefügten Lebenslauf und den Zeugnissen.(3)

Nähere Einzelheiten über meine Entwicklungsmöglichkeiten in Ihrem renommierten Bankinstitut können gerne in einem persönlichen Gespräch erörtert werden. (4)

Mit freundlichen Grüßen

Unterschrift

Das ist ein typische Bewerbung für den Stapel „Ablehnen!" Dieses Muster enthält so ziemlich alle gravierenden Fehler, die ein Bewerber machen kann:

(1) *mit Interesse habe ich Ihr Stellenangebot gelesen* – Das ist keine Information für den Empfänger.

(2) *Ihre Bank ist mir als fortschrittliches ... Unternehmen bekannt* – Will eine Bank fortschrittlich sein?

(3) *Weitere Informationen ... entnehmen Sie dem beigefügten Lebenslauf* – Todsünde: Wer sich schon bei der Bewerbung keine Mühe gibt ...

(4) *... in Ihrem renommierten Bankinstitut* – anbiedernd; *... meine Entwicklungsmöglichkeiten können gerne erörtert werden* – schiefe Ebene. Die Bank will beim Einstellungsinterview herausfinden, ob der Bewerber eine Neigung und Begabung für den Beruf hat und dann erst mit ihm über die Entwicklungsmöglichkeiten sprechen.

Beispiel 2: Bewerbung für die Position der Verkaufs- und Marketingleiterin in einem großen Hotel:

Sehr geehrter Herr Meyer,

vielen Dank für das informative Telefonat am heutigen Nachmittag. Wie besprochen hier meine vollständigen Bewerbungsunterlagen.

Kurz zu meiner Person: Ich bin Betriebswirtin für das Hotel- und Gaststättenwesen (Studium in Dortmund an der Wirtschaftsfachschule), ursprünglich gelernte Köchin und zurzeit in einem Hotel mit 200 Betten in Köln als Verkaufsleiterin in ungekündigter Stellung tätig.

Ich bin sehr interessiert, in Ihrem Haus, das in der Branche wegen seines durchdachten Marketingkonzepts immer wieder von sich reden macht, zu arbeiten. Gern würde ich mich in einem so renommierten Hotel engagieren und meine Ideen und Erfahrungen einbringen.

Auf eine persönliche Begegnung mit Ihnen freue ich mich und verbleibe mit freundlichen Grüßen aus Köln

Hanna Huber

Anlage: Bewerbungsmappe

Bei den Bewerbungsunterlagen (hinter dem Lebenslauf) ist eine DIN-A- 4-Seite mit folgendem Text:

Was Sie sonst noch über mich wissen sollten:

Meine Handlungsweise ist geprägt vom Umgang mit Menschen, sowie dem Streben nach optimaler Dienstleistung und größtmöglicher Zufriedenheit des mir anvertrauten Gastes. Mein Denken wird dabei auch von betriebswirtschaftlichen Zahlen bestimmt. Ökonomische Zusammenhänge schnell zu erfassen, analytisch auszuwerten, um auf dieser Basis nach neuen, effektiveren Lösungen zu suchen, ist dabei Grundlage meiner unternehmerischen Aktivitäten.

Schon als Mitglied der Studenten-Mitverwaltung war ich verantwortlich für die Organisation von Fachprojekten und Studienreisen. Häufig engagierte ich mich dabei in der Öffentlichkeitsarbeit. Im Rahmen einer praxisorientierten ERFA-Gruppe erstellte ich verschiedene Marketing-Studien und Betriebskonzepte. Bereits hier habe ich das unternehmerische Denken und verantwortungsbewusste Handeln zeigen können, das in meinen Tätigkeiten nach dem Studium als unabdingbare Arbeitsbasis benötigt wird. Ausdauer, Konsequenz und Pflichtbewusstsein werden mir dabei von Freunden und Kollegen ebenso zugeschrieben, wie eine bisweilen als (zu) ehrgeizig erscheinende Hartnäckigkeit. Für mich ist jedoch die Orientierung an den bestmöglichen Leistungen eine Frage der Verantwortung mir selbst und den von mir und meiner Arbeit abhängigen Dritten gegenüber.

Zunächst zum Bewerbungsschreiben: Dort heißt es: Ich bin sehr interessiert, in Ihrem Haus, das in der Branche wegen des durchdachten Marketingkonzepts immer wieder von sich reden macht, zu arbeiten. Ein typischer Schachtelsatz, der den Text holprig macht. Schmeicheln ist eine Form der Selbstdarstellung, die bei einer Bewerbung völlig daneben ist. Wenn die Bewerberin das Peinliche weglässt, bleibt der Satz: Ich bin sehr interessiert, in Ihrem Haus zu arbeiten. Selbst dieser Satz ist überflüssig. Warum sonst bewirbt man sich? Sprachlich ist der Text ohnehin nicht von höchster Qualität: Auf eine persönliche Begegnung mit Ihnen freue ich mich. Das ist bei einer Bewerbung die falsche Stilebene. Eine Bewerberin *begegnet* doch keinem Hoteldirektor zu einem Vorstellungsgespräch. Sie wird, wenn Sie Glück hat, dazu eingeladen.

Man vermisst bei dieser Bewerbung zwei Punkte: Was qualifiziert die Bewerberin für diese Position (Erfahrung, Erfolge), und warum will sie wechseln? „Was Sie sonst noch von mir wissen sollten" ist ganz offensichtlich als Ergänzung zum Bewerbungsschreiben gedacht. Ich halte davon nichts, weil ein Bewerber nicht annehmen kann, dass dies auch gelesen wird. Bei den vielen Bewerbungen, die heute bei den Unternehmen eingehen, spielt das ein große Rolle. Ein Bewerber muss sich also mit dem Platz begnügen, der ihm mit einer Seite für das Bewerbungsschreiben zur Verfügung steht. Abgesehen davon, ist der Text dieser „Ergänzung" nicht unbedingt von der Frische des Gedankens durchdrungen:

▶ *Meine Handlungsweise ist geprägt* – gestelzte Ausdrucksweise.

▶ *im Rahmen einer praxisorientierten ERFA-Gruppe* – Erfahrungsaustausch-Gruppen sind immer praxisorientiert.

▶ *Für mich ist jedoch die Orientierung an den bestmöglichen Leistungen eine Frage der Verantwortung* – Das ist Geschwafel.

Mein Vorschlag für diese Bewerbung:

Bewerbung als Verkaufs- und Marketingleiterin

Sehr geehrter Herr Meyer,

ich beziehe mich auf unser Telefongespräch und danke Ihnen für die Informationen. Wie vereinbart schicke ich Ihnen meine Bewerbungsmappe.

Ich bin gelernte Köchin, habe eine Weiterbildung zur Betriebswirtin absolviert und arbeite seit drei Jahren als Verkaufsleiterin in einem 200-Betten-Hotel in Köln. Zusammen mit der Hotelleitung habe ich ein Konzept entwickelt, um mehr Gäste zu gewinnen und Stammgäste durch attraktive Angebote an das Haus zu binden. Die ersten Erfolge zeichnen sich ab; die Auslastung ist beträchtlich höher als im letzten Jahr.

Ich möchte mich beruflich verändern, um in einem größeren Haus neue Erfahrungen zu sammeln und mehr Verantwortung zu übernehmen. Ich bin es gewohnt, selbstständig zu arbeiten und zusammen mit meinen Mitarbeitern Lösungen zu finden, die alle mittragen.

Da ich in einem ungekündigtem Arbeitsverhältnis bin, bitte ich Sie, meine Bewerbung vertraulich zu behandeln. Über eine Einladung zu einem Gespräch würde ich mich sehr freuen.

Mit freundlichen Grüßen

Hanna Huber

Beispiel 3: Bewerbung um eine Stelle als Projektmanager

Eine große Unternehmensberatung empfiehlt auf ihrem Karriereportal das folgende Bewerbungsschreiben und begründet in fett hervorgehobenen Klammerverweisen, warum die Formulierungen so gelungen sind:

Sehr geehrter Herr Mustermann,

Sie suchen mit Ihrem Stellenangebot vom 9./10. März in der Frankfurter Allgemeinen Zeitung einen Verkäufer für Ihre chemischen Spezialitäten im Raum Frankfurt am Main.

Sie gewinnen **(sehr gute Wortwahl. Man hat den Eindruck, mit ihm nicht zu sprechen, sei ein Verlust.)** einen Diplom-Chemiker, der eine breit angelegte fachliche Ausbildung erworben hat und in verschiedenen Fachgebieten **(Biochemie, Oberflächenanalytik, Elektrochemie)** gearbeitet hat, das heißt bereit und damit vertraut **(positive Wortwahl)** ist, sich in neue Fragestellungen einzuarbeiten. **(Der Bewerber verbindet konsequent Fakten mit den** zusätzlichen Argumenten, die für seine Lernerfahrungen sprechen.)

Sie stellen einen Gesprächspartner ein, der seit zwei Jahren für ein Unternehmen der petrochemischen Industrie im Außendienst seine eigenen Kunden betreut. Erworben **(positive Wortwahl)** habe ich hier Sicherheit und Umgang mit unterschiedlichen Ansprechpartnern, in der Kommunikation und Akquisition. Meine Fähigkeit, komplexe Sachverhalte verständlich darstellen zu können, habe ich dabei erweitert.

Sie engagieren **(die Entscheidung ist bereits gefallen)** einen Mitarbeiter, der mit der Durchführung von Verhandlungen und Vertragsabschlüssen unternehmerisches Denken gelernt und sich mit betriebswirtschaftlichen Fragestellungen vertraut **(positive Wortwahl)** gemacht hat.

Sie sichern **(jetzt wird er zum „knappen Gut", schnelles Reagieren ist erforderlich)** sich einen Teamkollegen **(er wird sich integrieren)**, der mit guten Englisch- und Französischkenntnissen auch zum internationalen Erfahrungsaustausch fähig ist.

Wenn diese Argumente Ihr Interesse geweckt haben, würde ich mich gerne zu einem persönlichen Gespräch bei Ihnen vorstellen, in dem wir weitere Einzelheiten besprechen können.

Mit freundlichen Grüßen

Mein erster Gedanke: Es könnte sich um eine Satire handeln. Aber das kann nicht sein. Den Text hat ein Mitarbeiter einer seriösen Beratungsgesellschaft formuliert.

Zunächst zur Sprache und zur „positiven Wortwahl": Einige Formulierungen sind eher umständlich, ungenau und nicht präzise genug:

▶ *... bereit und damit vertraut, sich in neue Fragestellungen einzuarbeiten* – Gemeint ist: Ich habe in den Fachgebieten Biochemie, Oberflächenanalytik und Elektrochemie gearbeitet und bin offen für neue Erfahrungen.

▶ *... der seit zwei Jahren ... seine eigenen Kunden betreut* – Welche sonst?

▶ *Sie engagieren einen Mitarbeiter, der mit der Durchführung von Verhandlungen und Vertragsabschlüssen unternehmerisches Denken gelernt und sich mit betriebswirtschaftlichen Fragestellungen vertraut gemacht hat.* – Was ausdrücklich als „positive Wortwahl" bewertet wird, ist in Wirklichkeit ein aufgeblasener Stil, heiße Luft. Gemeint ist: Bei meinen Verhandlungen bin ich ganz Unternehmer. In der Sache unnachgiebig, an der Wirtschaftlichkeit orientiert und im Ton verbindlich. So komme ich zu guten Abschlüssen.

Was fehlt? Der Grund für die Absicht zu wechseln. Was ist sonst von diesem Bewerbungsschreiben zu halten? Vom letzten Satz einmal abgesehen, soll die Exzellenz dieses Bewerbungsschreibens offenbar darin bestehen, dass von der ersten zur dritten Person umgeschaltet worden ist und der Bewerber so formuliert, als hätte der neue Chef die Entscheidung bereits getroffen:

▶ Sie gewinnen einen Diplom-Chemiker
▶ Sie stellen einen Gesprächspartner ein
▶ Sie engagieren einen Mitarbeiter
▶ Sie sichern sich einen Teamkollegen

Prädikat: Nicht empfehlenswert! Das klingt nach übersteigertem Selbstbewusstsein und kommt nicht bei jedem Personalberater an. Hier mein Vorschlag:

Bewerbung als Verkäufer chemische Spezialitäten / Frankfurter Allgemeine Zeitung 9.3.

Sehr geehrter Herr Mustermann,

ich bin Diplom-Chemiker, habe Erfahrung auf den Gebieten Biochemie, Oberflächenanalytik und Elektrochemie und bin seit zwei Jahren als Außendienstmitarbeiter in der petrochemischen Industrie tätig. Da das Unternehmen international tätig ist, haben mir meine Englisch- und Französischkenntnisse sehr geholfen.

Ich arbeite gerne im Außendienst und habe einen guten Kontakt zu meinen Kunden. Es macht mir Freude, meinen Gesprächspartnern die erklärungsbedürftigen Produkte vorzustellen und sie mit guten Argumenten zum Vertragsabschluss zu bewegen. Bei meinen Verhandlungen bin ich ganz Unternehmer. In der Sache bestimmt, an der Wirtschaftlichkeit orientiert und im Ton verbindlich. So komme ich zu guten Abschlüssen.

Meine Verkaufsziele habe ich immer erreicht. Im letzten Jahr habe ich meine Vorgaben um acht Prozent überschritten.

Die Position, die Sie anbieten, reizt mich deshalb, weil ich einerseits meine Kenntnisse und Erfahrungen einsetzen und andererseits auch neue Erfahrungen sammeln kann, die mich beruflich weiterbringen.

Ich würde mich freuen, wenn wir einmal über eine künftige Zusammenarbeit sprechen könnten.

Mit freundlichen Grüßen

Unterschrift

Beispiel 4: Bewerbung als Auszubildender

```
Bewerbung um einen Ausbildungsplatz als Automobilme-
chaniker / Anzeige Kreisblatt vom 2. Januar

Sehr geehrter Herr Krause,

mit großem Interesse (1) habe ich Ihre Anzeige gelesen
und bewerbe mich auf den ausgeschriebenen Ausbildungs-
platz als Automobilmechaniker.

Über den Beruf habe ich mich eingehend und umfassend
(2) bei der Berufsberatung erkundigt. Außerdem habe ich
letztes Jahr ein dreiwöchiges Praktikum beim Autohaus
Lamborgi gemacht, das, wie Sie sicher wissen, den Be-
trieb eingestellt hat.

Ich interessiere mich sehr für Autos, arbeite gerne im
Team (3) und könnte im Herbst nach dem Hauptschulab-
schluss bei Ihnen anfangen.

Es wäre schön, wenn meine Bewerbung Ihr Interesse findet
und würde mich freuen, wenn Sie mich zu einem Gespräch
einladen (4).

Mit freundlichen Grüßen

Markus Schneider
```

(1) *mit großem Interesse* – So fangen viele Bewerbungsbriefe an. Wer kein Interesse hat, schickt keine Bewerbung ab. Das ist genauso überflüssig wie der Rest des Satzes, mit dem der Bewerber sich auf die Anzeige bezieht, die er bereits im Betreff erwähnt hat.

(2) *eingehend und umfassend* – Das sind überflüssige Floskeln.

(3) *Ich interessiere mich für Autos* – Das ist hier ein Allgemeinplatz. Das tun Millionen anderer Menschen auch, ohne diesen Berufswunsch zu haben.

(4) Selbst in Duden-Ratgebern wird schon auf den Konjunktiv bei Bewerbungsschreiben verzichtet. Nicht zu empfehlen.

Insgesamt ein recht blasses Bewerbungsschreiben. Die Begeisterung für den Beruf merkt man diesem Bewerbungsbrief nicht an. Das gelingt eher mit dem folgenden Bewerbungsschreiben:

Sehr geehrter Herr Krause,

ich würde gerne meine Ausbildung als Automobilmechaniker in Ihrem Betrieb machen. Warum? Ich hatte das Glück, im letzten Jahr ein dreiwöchiges Schülerpraktikum beim Autohaus Lamborgi zu absolvieren. Das hat mir ausgesprochen gut gefallen. Einmal hat mir die Arbeit Spaß gemacht, andererseits bin ich gut mit den Kollegen klar gekommen.

Ich bin praktisch veranlagt, arbeite gerne mit meinen Händen und habe ein gutes technisches Verständnis. Das hat mir auch Meister Brumme damals gesagt, der jetzt bei Ihnen beschäftigt ist.

Im Herbst werde ich die Schule mit dem Hauptschulabschluss verlassen. Meinen Lebenslauf und das letzte Zeugnis füge ich bei.

Ich würde mich freuen, wenn ich meine Ausbildung bei Ihnen machen könnte und komme zu einem Vorstellungsgespräch, wann immer Sie wollen.

Mit freundlichen Grüßen

Marcus Schneider

Die Sprache in Arbeitszeugnissen

Zeitgemäße Arbeitszeugnisse sind das Ergebnis eines Soll-Ist-Vergleichs. Die Anforderungen werden den tatsächlichen Fähigkeiten und Leistungen gegenübergestellt. Von einem Lagerarbeiter erwartet niemand Kreativität, wie man es bei einem Werbeleiter fordert. Von einem Buchhalter verlangt man kein Verkaufstalent, und bei einer Blumenbinderin muss das Zahlenverständnis nicht so ausgeprägt sein wie bei einem Kassierer. Unterschiedliche Jobs erfordern unterschiedliche Fähigkeiten. Ein Verkäufer im Außendienst braucht mehr Enthusiasmus als Vorsicht und mehr emotionale Stabilität als etwa ein Qualitätsmanager oder Controller. Ein Unternehmer muss risikofreudiger sein als eine Führungskraft im mittleren Management.

Wie sollten Arbeitszeugnisse sein? Ein Unternehmen sollte sich auf die Stärken des Mitarbeiters konzentrieren und darauf, wie er sie zum Nutzen der Firma einsetzen konnte. Die Schwächen interessieren uns hier nicht. Entscheidend sind die positiven Arbeitsergebnisse, die man konkret im Zeugnis darstellen sollte.

Das Zeugnis sollte außerdem leicht lesbar sein. Zeugnisaussteller sollten deshalb Bandwurmsätze vermeiden, sie hemmen den Redefluss. Sie sollten kurze, klare und anschauliche Sätze formulieren. Auffällig ist dagegen oft der ausladende Stil bei Arbeitszeugnissen. Man kann auf Anhieb nicht immer erkennen, ob es sich um den Text aus einer Todesanzeige oder einem Arbeitszeugnis handelt.

 Beispiel 1: Nach Tätigkeiten im Innen- und Außendienst und der Leitung mehrerer Filialdirektionen übernahm Herr Dr. XY die Verantwortung für die Direktion für befreundete Gesellschaften und leitete sie ab 1979 mit großem Erfolg. Seinen Mitarbeiterinnen und Mitarbeitern war er ein Vorbild an Einsatzfreude und Loyalität. Er genoss aufgrund seiner fachlichen Kompetenz höchste Anerkennung in unserem Hause und unsere Geschäftsfreunde schätzten ihn als verlässlichen Partner.

Beispiel 2: `Wir verlieren in Herrn X einen exzellenten Fachmann und eine erfolgreiche Führungskraft. Herr X. erfreute sich bei Vorgesetzten, Kollegen, Geschäftsfreunden und Mitarbeitern großer Beliebtheit und Wertschätzung. Wir danken Herr X. für seine langjährige, hervorragende Mitarbeit und seinen selbstlosen Einsatz. Wir sind ihm zu großem Dank verpflichtet.`

Der Text aus dem ersten Beispiel stammt aus einer Todesanzeige, der aus dem zweiten Beispiel aus einem Arbeitszeugnis für einen Verkaufsleiter.

Kurz, präzise und informativ

Der Text eines Arbeitszeugnisses ist eine Information für einen Dritten, zum Beispiel für einen Personalreferenten oder Personalberater über die Tätigkeit (Verantwortung, Befugnisse) und die Beurteilung der Arbeitsleistung und des Sozialverhaltens.

Das Zeugnis sollte leicht lesbar sein: Kurze, klare Sätze, konkret und anschaulich. Negativ ausgedrückt: Keine Bandwurmsätze, wenig Hauptwörter, keine abstrakten Formulierungen. Sie hemmen den Lesefluss.

nicht so:	sondern so:
Neben der Sachbearbeitertätigkeit wurden auch eigenständige Kundenberatungen durchgeführt.	Sie hat selbstständig Kunden bei der Geldanlage beraten.
Herr Merz gab den Wünschen der Kunden höchste Priorität; umfassende, zuvorkommende Beratung und zügige Erledigung waren für ihn eine Selbstverständlichkeit.	Herr Merz arbeitet kundenorientiert.

nicht so:	sondern so:
Sie hat zu unserer vollsten Zufriedenheit gearbeitet.	Mit seinen Leistungen waren wir stets sehr zufrieden. Oder: Er zeigt gute Leistungen. Oder noch präziser: Er hat gute Arbeitsergebnisse erzielt: Er hat den Umsatz in seinem Verkaufsbezirk gegenüber dem Vorjahr um ... Prozent gesteigert.
Herr Kraus ist ein zügig arbeitender Mitarbeiter, der seine Aufgaben mit großer Einsatzbereitschaft wahrnimmt und wegen seiner guten Aufgabenerfüllung Sonderaufgaben übernimmt.	Herr Kraus arbeitet zügig und engagiert und übernimmt bereitwillig Sonderaufgaben.
Sie stellte kontinuierlich und in für uns beeindruckender Art und Weise ihre Fähigkeit unter Beweis, mit sehr großem, den Rahmen ihrer Aushilfstätigkeit im positiven Sinne weit übersteigenden Verantwortungsbewusstsein zu arbeiten.	Sie arbeitet selbstständig und eigenverantwortlich.
Aufgrund seiner umsichtigen und effizienten Arbeitsweise erbrachte er stets eine gute Leistung.	Er arbeitet sorgfältig, effizient und erzielt gute Ergebnisse.
Auch bei größten Anforderungen erbrachte er konstant eine exzellente Leistung, ließ sich dabei beispielhaft von der Maxime der Wirtschaftlichkeit leiten und berücksichtigte kompetent branchenbezogene Entwicklungen.	Er arbeitet wirtschaftlich, ist technisch auf der Höhe der Zeit und erzielt sehr gute Ergebnisse.

Passende Verben richtig einsetzen

Verben sind schlicht und anschaulich. Aber es gibt auch schlechte und tote Verben, die man vermeiden sollte: sich befinden, liegen, gehören, sich handeln um.

nicht so:	sondern so:
Zu seinen Aufgaben gehören…	Seine Aufgaben sind…
Es handelt sich um eine fleißige Mitarbeiterin.	Sie ist eine fleißige Mitarbeiterin.
Der Aufgabenbereich beinhaltet auch…	Außerdem hat er die Aufgabe …

Verben sind Königswörter, aber sie passen nicht immer. Das gilt vor allem für die Verben: zeigen, pflegen, prägen, verfügen, überzeugen, besitzen.

Bewerber wollen sich von der besten Seite zeigen. Das ist verständlich. Der Meister zeigte dem Lehrling, wie er es richtig machen soll, und seine Schwester Helga zeigte dem Verehrer die kalte Schulter. Und was zeigen Herr Schmidt und Frau Kruse, wenn es denn stimmt, was in ihren Arbeitszeugnissen steht: `Herr Schmidt zeigte einen korrekten Arbeitsstil.` Was das genau ist, sagt der Schreiber dieses Satzes nicht, aber er weiß, dass es eine Bewertung ist, nämlich „ausreichend". `Frau Kruse zeigte bei der Aufgabenerledigung stets außergewöhnlichen Einsatz und hervorragende Leistungen in quantitativer und qualitativer Hinsicht.` Leistung hat viel mit Menge und Güte zu tun, da muss man dem Schreiber dieses Satzes zustimmen. Aber das hat es immer, nicht nur im Fall von Frau Kruse.

Herta Krause pflegt morgens recht früh aufzustehen, weil sie ihre alte Mutter pflegt, außerdem pflegt sie ihre Wohnung, ihren Garten, ihr

Haar und den Umgang mit Freunden. Vor dem Einschlafen pflegt sie einen Kriminalroman zu lesen. Und was liest sie in ihrem Arbeitszeugnis: In der innerbetrieblichen Kommunikation pflegte Frau Krause eine Atmosphäre der Kooperationsbereitschaft, der Integration und der Teamorientierung. Das hört sich positiv an, klingt aber wegen der vielen Substantive nicht gut.

Schiller und Goethe haben die Literatur der Klassik geprägt; die Herkunft und die Umwelt prägen den Menschen. Was bei der Arbeit prägend ist, steht im Arbeitszeugnis: Seine Arbeitsweise ist geprägt von Pflichtbewusstsein. Dynamik, Tatkraft und konsequentes Handeln prägten seinen Arbeitsstil.

Schulzes Sohn Jens kann über sein Taschengeld frei verfügen, seine Frau über das Haushaltsgeld. Schulze selbst verfügt über gute Beziehungen zur Geschäftsleitung, über große Berufserfahrung und ein hohes Einkommen. Seiner Mitarbeiterin, Frau Hansen, hat er im Arbeitszeugnis bescheinigt, dass sie über ein großes Fachwissen, schnelle Auffassungsgabe und ein vorbildliches Pflichtbewusstsein verfüge. Was will man mehr?

Er hatte gute Argumente, was er sagte, überzeugte die Zuhörer. Man kann auch durch Leistung überzeugen. Im Arbeitszeugnis steht dann: Herr Meister überzeugte als dynamische Führungskraft, die stets eine gute Einsatzbereitschaft zeigte. Oder: Sie überzeugte durch ihre hohe Zuverlässigkeit. Diese Formulierungen überzeugen weniger.

„Was du ererbt von deinen Vätern hast, erwirb es, um es zu besitzen", heißt es im Faust. Auch in Arbeitszeugnissen ist häufig die Rede davon, was wir besitzen: Sie besitzt eine natürliche Autorität. Oder: Er besitzt Spezialkenntnisse (und die Unverfrorenheit, deshalb eine Gehaltserhöhung zu verlangen).

Sprachlich verunglückt: Passivsätze, Papierdeutsch, aufgeblasener Stil

Bei Arbeitszeugnissen deuten manche Leser Passivsätze negativ, dabei sind sie eher Ausdruck sprachlichen Missgeschicks:

- Ab Januar 2000 wurden ihm die Aufgaben eines Abteilungsleiters übertragen.

- Herr Küttner wurde als Buchhalter eingestellt.

- Herr Krause wurde mit folgenden Aufgaben betraut:

Das Papierdeutsch ist auch in Arbeitszeugnissen weit verbreitet. Hier einige Beispiele aus Originalzeugnissen:

nicht so:	sondern so:
Die ihr übertragenen Aufgaben geht sie systematisch an und erlauben es ihr, die notwendigen Prioritäten zu setzen.	Sie arbeitet systematisch und macht das Wichtigste zuerst.
Die Arbeitsausführung war durch hohe Qualität und Quantität gekennzeichnet.	Er arbeitet schnell und effizient.
Für die Dauer eines Jahres hat er sich im Ausland befunden.	Er hat ein Jahr im Ausland gearbeitet.
Die ihr obliegenden Arbeiten hat sie termingerecht abgeschlossen.	Sie ist zuverlässig und hält Termine ein.

Man kann in Arbeitszeugnissen recht häufig Sätze lesen, die beginnen mit:

▶ Wir bestätigen gerne, dass ...
▶ Wir bescheinigen ...
▶ Nur der guten Ordnung halber ...

Das sind Überreste obrigkeitsstaatlichen Behördendeutschs. Man findet solche Formulierungen schon in Arbeitszeugnissen, die hundert Jahre und älter und im Museum für Arbeit in Hamburg archiviert sind. Ähnlich antiquiert hören sich solche Sätze an:

▸ Wir danken Herrn B. für seine jahrelange hervorragende Mitarbeit und seinen selbstlosen Einsatz für unser Unternehmen.

▸ Unbedingt erwähnenswert ist, dass der Gütegrad seiner Leistung durchgängig äußerst hoch war.

▸ Es war ihm stets ein absolutes Bedürfnis, gemeinsam Ziele optimal zu erreichen.

▸ Es gelang ihm in ausgezeichneter Weise, Motivation zu erzeugen und seine Mitarbeiter zu produktiven Leistungen zu ermuntern, die letztlich dem Unternehmensziel in hervorragender Weise zugute kamen.

Ein aufgeblasener Stil, der sprachlich missglückt ist, wie auch diese Formulierungen:

Gute Umgangsformen verhalfen ihm zur erfolgreichen Kontaktaufnahme. **Gemeint ist:** Er hat gute Umgangsformen und findet schnell Kontakt.

Herr S. hat Spitzenleistungen erbracht. Wir waren daher mit seinen Leistungen in hohem Maße zufrieden.
Welcher Arbeitgeber ist mit Höchstleistungen nicht zufrieden?

Dank ihres präzisen Arbeitsstils ist sie auch in schwierigen Situationen sehr gut belastbar.
Wer präzise arbeitet ist nicht unbedingt belastbar. Aber er kann genau arbeiten und belastbar sein.

Aufgrund der sehr guten Arbeitserfüllung übernahm er ab Juli 2006 zusätzliche allgemeine Verwaltungsarbeiten.

Das ist nicht logisch. Es dürfte wohl eher so gewesen sein, dass man ihm zusätzliche Aufgaben gegeben hat, damit er zeigen kann, wie tüchtig er ist.

Sein Erfolg und seine Leistungen begründet sein großes Engagement.
Ach ja!

Kommunikative Fähigkeiten wurden besonders im Team deutlich.
Wo sonst? Im Selbstgespräch?

Der Zeugniscode

Der Zeugniscode wird immer noch benutzt, obwohl ihn jeder kennt: Er hat zu unserer vollsten Zufriedenheit gearbeitet heißt, er brachte gute Leistungen. Juristen lieben diese festgelegten Formulierungen. Sie sind übersichtlich und leicht zu verwenden. Jeder weiß sofort, mit welcher Note bewertet wird. Nur aussagefähig werden Arbeitszeugnisse dadurch nicht. Nicht nur Juristen halten am Zeugniscode fest. Das ist alles so übersichtlich, wo hingegen eine differenzierte Leistungsbeurteilung nicht ganz einfach ist und vor allem Zeit kostet. Warum diese Zeugnissprache Unfug ist, und wie Sie es besser machen können, können Sie in meinem Buch „Das zeitgemäße Arbeitszeugnis – Ein Handbuch für Zeugnisaussteller", ebenfalls im BW Verlag Bildung und Wissen erschienen, nachlesen. Eine erste Leseprobe finden Sie auf der beiliegenden CD-ROM.

Die Selbstpräsentation im Internet

Firmen nutzen das Internet dazu, ihre Produkte und Dienstleistungen anzubieten, aber auch zur Selbstpräsentation, um ein positives Bild über das Unternehmen zu vermitteln. Geschäftsberichte, Sozial- und Umweltberichte, Stellenangebote und Unternehmensleitbilder stehen online zur Verfügung. Das Erscheinungsbild der Unternehmen im

Internet bleibt in der Sprache weit hinter der Qualität ihrer Produkte zurück. Die Texte sind oft maniert, übertrieben, selbstverliebt und manchmal auch arrogant und peinlich: „Wir sind die Besten!"

„Wir über uns" oder „Das Unternehmen" heißt das, was man anklicken muss, um mehr Informationen über eine Firma zu bekommen. Junge Unternehmen oder Traditionsverlage erzählen sehr ausführlich über ihre Entstehung und ihren blühenden Aufstieg.

Heute, unter der Leistung der 4. Generation, ist das Unternehmen XYZ Spezialist im Großverbraucher-Geschäft: Der Kundenstamm reicht von den Krankenhäusern und Altenheimen bis hin zu Betriebskantinen, Mensen und Gastronomiebetrieben, die im Direktvertrieb beliefert werden.

Die Von-bis-Rhetorik ist weit verbreitet. Kein Mensch weiß, was zwischen dem „von" und dem „bis" wirklich liegt, es sei denn, es ist die Redensart: Von der Wiege bis zur Bahre. Großfirmen treten nicht bescheiden auf. In vielen Geschäftsberichten pflegt man eine „Erfolgsrhetorik".

 Aus dem Geschäftsbericht einer Luftfahrtgesellschaft:
Dieses gute Ergebnis war nur durch kluge Angebotsgestaltung und straffes Kostenmanagement zu erreichen.
Und natürlich auch deshalb, weil die Mitarbeiter schon früh morgens in der Firma waren und sich ins Zeug gelegt haben ...

Aus dem Unternehmensporträt einer Personalvermittlung:
Wir präsentieren ausschließlich die Bewerber, von denen wir uns eingehend überzeugt haben und die wir aufgrund ihrer Qualifikation und Persönlichkeit für geeignet halten.
Wozu sonst erteilt ein Unternehmen den Auftrag, Personal zu suchen? Dieser Satz hat keinen Informationswert.

Aus der Selbstdarstellung eines Callcenter-Unternehmens:
Persönliche Kompetenz eines erfahrenen Mitarbeiterteams und eine innovative technische Infrastruktur ermöglichen uns, für unsere Kunden ein Maximum an Quantität und Qualität zu erzielen. Die vom Auftraggeber gesetzten Zielvorgaben erreichen wir in unseren Projekten und scheuen daher keinen Vergleich im Benchmark mit unseren Mitbewerbern.
Nehmen wir einmal an, der Luftballon wäre der Sprachstil, dann wäre er nicht aufgeblasen, sondern schon geplatzt.

Aus dem Personal- und Sozialbericht eines Logistk-Unternehmens
Wir haben den Zentralbereich „Personalentwicklung" neu positioniert. Im Fokus unserer Aktivitäten stehen zukunftsweisende, innovative Personalentwicklungs- und -marketinginstrumente sowie Personalprozesse auf Basis eines ganzheitlichen Ansatzes. Auf der Basis des realisierten Konzeptes der ganzheitlichen Personalentwicklung sind wir Business-Partner der Unternehmensbereiche. Wir sind auf dem Weg, Benchmark für Personalentwicklung und -marketing in der Branche KEP und Logistik zu werden. Dabei unterstützen wir nicht nur bei der Umsetzung der Unternehmensstrategien und -ziele. Die kontinuierliche Steigerung der Produktivität der Mitarbeiterinnen und Mitarbeiter steht ebenso im Fokus wie die Erhöhung der Beschäftigungstahigkeit aller Mitarbeitergruppen.
Viele Worte, viel Wind. Wissen die Mitarbeiter jetzt, was sie erwartet? Ihre „Beschäftigungsfähigkeit" soll gesteigert werden. Was Wunder, dass das Unternehmen nicht von „Employability" gesprochen hat, das hätten die meisten auch nicht verstanden.

Aus dem Angebot eines Outplacementcoaching:
Für ausscheidende Mitarbeiter:
Wir trainieren die betroffenen Mitarbeiter effek-
tiv in essentiellen Techniken der interaktiven
Selbstvermarktung unter Einsatz aller für die
Bewerbung relevanten Medien. Wir kennen keine Ein-
schränkung: Es werden allen Hierarchieebenen vom
gewerblichen Mitarbeiter bis zum Topmanager neue
Karrierehorizonte eröffnet. Die Beratungsdauer
ist individuell festlegbar.
Für Arbeitgeber:
Durch modularen Aufbau ist eine kostenoptimierte
Realisation der Maßnahme möglich. Der Trennungs-
prozess kann die vertraglichen Restlaufzeiten
zwischen Ihnen und den Mitarbeitern also auch
in pekunärer Hinsicht spürbar optimieren. Alle
Berater sind mehrjährig und branchenübergreifend
erfahren.
Wie könnte man diesen Text in zwei Sätzen zusammenfassen?
Vielleicht so?
Mit essentiellen Techniken der interaktiven
Selbstvermarktung werden Karrierehorizonte eröff-
net und der Trennungsprozess auch in finanzieller
Hinsicht spürbar optimiert. Das garantieren die
Anbieter, allesamt mehrjährig und branchenüber-
greifend erfahrene Berater.
Das wäre kürzer, keine Frage, aber genau so aufgeblasen wie
die Langfassung. Wenn die Berater so aufgeblasen sind wie ihr
Sprachstil, sollte man die Finger von diesem Angebot lassen.

Aus dem Stellenangebot eines weltweit tätigen Computer-
unternehmens:
XYZ als global agierendes Unternehmen kann den
Mitarbeiterinnen und Mitarbeitern vielfältige
Einsatz- und Karrieremöglichkeiten im In- und
Ausland bieten. Zunehmend erhöht sich jedoch auch

die Zahl der Telearbeiter in den Stabs- und Ver-
waltungsbereichen.

Haben Sie die Fehler entdeckt? Möglichkeiten sind immer *viel-
fältig* und *zunehmend erhöht* ist ebenfalls ein Pleonasmus.

Zu guter Letzt aber noch zwei positive Beispiele:

Aus dem Angebot einer Bausparkasse:
Für jeden Kundenwunsch haben wir das passende
Angebot. Egal, ob man ein Haus baut, eine Wohnung
kauft, renoviert, modernisiert, Miterben ausbe-
zahlt, teure Hypotheken ablöst, einen Bausparver-
trag verschenkt oder einfach nur sein Geld anlegen
will.

Das ist anschaulich formuliert. Weiter im Text auf dieser Inter-
net-Seite:
Unsere Kunden stehen im Mittelpunkt unseres Han-
delns. Unser Ziel ist es, vielen Mieterhaushalten
zu den eigenen vier Wänden zu verhelfen.

„Unsere Kunden stehen im Mittelpunkt" ist keine Information.
Der zweite Satz dagegen klingt überzeugend: Hier hat jemand
dem Volk aufs Maul geschaut.

Wenn man nur lange genug sucht, findet man auch gute Texte,
wie etwa den Geschäftsbericht der Firma Fielmann, den man
sich aus dem Internet herunterladen kann:

Brille: Fielmann
Fielmann ist so bekannt wie die großen Volkspar-
teien: 90% aller Bundesbürger kennen uns. Wir sind
der Marktführer. Wir verkaufen jede zweite Brille
in Deutschland. Über 15 Millionen Menschen tragen
eine Brille von Fielmann.
Unser Leitsatz heißt: „Der Kunde bist Du". Wir
verdanken unsere Spitzenposition strikter Kunden-
orientierung und den über 10.000 motivierten Mit-

arbeiterinnen und Mitarbeitern, die unsere verbraucherorientierte Philosophie leben.

Unser Ziel ist der langfristige Unternehmenserfolg. Dafür verzichten wir auf kurzfristigen Gewinn. Unsere Mitarbeiterinnen und Mitarbeiter stehen nicht unter dem Druck, ihren Kunden teure Brillen aufdrängen zu müssen. Wir sehen uns in unseren Kunden.

Dieser Text ist keine reine Information. Es ist auch Werbung in eigener Sache. Das ist akzeptabel.

Übungen

Alle Übungen mit Lösungen finden Sie auch auf der dem Buch beiliegenden CD-ROM.

Gefühle und Sprache – Synonyme finden

Gefühle wahrzunehmen und zu benennen, hat etwas mit Sprache zu tun. Deshalb die folgende Übung. Suchen Sie für den genannten Gefühlsausdruck einen oder mehrere andere Wörter, Synonyme.

Beispiel: Zornig sein = wütend, verletzt, aufgebracht, aggressiv sein.

Gefühle benennen

enttäuscht sein   _____

unsicher sein   _____

zurückgestoßen werden   _____

ausgeschlossen sein   _____

sich trauen   _____

niedergeschlagen sein   _____

schwach sein   _____

traurig sein   _____

sich fürchten   _____

zaghaft sein   _____

hoffnungsvoll sein   _____

gereizt sein   _____

sich freuen   _____

erschrocken sein   _____

launisch sein   _____

einsam sein   _____

glücklich sein   _____

unglücklich sein   _____

verdrossen sein   _____

verärgert sein   _____

beherrscht sein   _____

verletzt sein   _____

aufgebracht sein   _____

verzweifelt sein   _____

besorgt sein   _____

entzückt sein   _____

gut gelaunt sein   _____

euphorisch sein   _____

zerknirscht sein   _____

jemandem vertrauen   _____

jemanden gering schätzen   _____

verblüfft sein   _____

sich schämen   _____

verlegen sein   _____

Gegensatzpaare bilden

Bei dieser Übung sind Gegensatzpaare zu bilden. Die Begriffe stammen aus Arbeitszeugnissen. Beispiel: fleißig - faul

konkret   _____

scharfsinnig   _____

offen   _____

ausgleichend   _____

entscheidungsfreudig   _____

initiativ   _____

systematisch   _____

sorgfältig   _____

ausdauernd   _____

rational   _____

exzellent   _____

kontaktfreudig   _____

humorvoll   _____

flexibel   _____

energisch   _____

aktiv   _____

willensstark   _____

kompromissbereit   _____

konstruktiv   _____

kooperativ   _____

lernbereit   _____

hilfsbereit   _____

kompetent   _____

individuell   _____

praktisch   _____

aufgeschlossen   _____

begeistert   _____

gelassen   _____

gut   _____

flexibel   _____

kultiviert   _____

gewissenhaft   _____

gesellig   _____

Arbeitszeugnis-Formulierungen

Es geht nicht nur darum, Arbeitszeugnisse in korrektem Deutsch zu formulieren, sondern auch in einer anschaulichen, klaren und präzisen Sprache. Entscheiden Sie sich bei den jeweils drei vorgegebenen Antworten für eine, die dem am ehesten entspricht.

1

❏   a) Das Arbeitspensum wird in angemessener Bearbeitungszeit termingerecht und rationell bearbeitet.

❏   b) Er erledigt seine Aufgaben zügig und termingerecht.

❏   c) Die Erledigung seiner Aufgaben erfolgt rationell und termingerecht.

2

☐ a) Herr Kunze hat die ihm übertragenen Aufgaben stets zu unserer vollen Zufriedenheit erfüllt.

☐ b) Herr Kunze hat seine Aufgaben immer zu unserer vollen Zufriedenheit erledigt.

☐ c) Herr Kunze arbeitet effizient und erzielt gute Ergebnisse.

3

☐ a) Sie kümmerte sich tatkräftig um die Erledigung ihrer Aufgaben und führte sie mit Kostenbewusstsein durch.

☐ b) Mit ausgeprägtem Kostenbewusstsein erledigt sie tatkräftig ihre Aufgaben.

☐ c) Sie packt ihre Aufgaben tatkräftig an und arbeitet wirtschaftlich.

4

☐ a) Frau Kruse ist fachlich kompetent.

☐ b) Frau Kruse verfügt über ein solides Fachwissen.

☐ c) Frau Kruse besitzt fundierte Fachkenntnisse.

5

☐ a) Die ihm übertragenen Aufgaben geht er systematisch an und erlauben es ihm, die notwendigen Prioritäten zu setzen.

☐ b) Er arbeitet systematisch und macht das Wichtigste zuerst.

☐ c) Er setzt Prioritäten und geht seine Aufgaben systematisch an.

6

❐ a) Dieses Zwischenzeugnis wird aufgrund eines Vorgesetztenwechsels von Herrn Schulze ausgestellt.

❐ b) Auf ausdrücklichen Wunsch von Herrn Schulze wird dieses Zwischenzeugnis ausgestellt.

❐ c) Wir stellen dieses Zwischenzeugnis auf Wunsch von Herrn Schulze wegen Wechsels des Vorgesetzten aus.

7

❐ a) Frau Körner plante alle Projekte im Vorhinein und hielt auch die Umsetzung nach.

❐ b) Frau Körner bereitet ihre Projekte sorgfältig vor und setzt sie erfolgreich in die Praxis um.

❐ c) Frau Körner plante ihre Projekte sorgfältig und garantierte eine konsequente Umsetzung.

8

❐ a) Ihr Briefstil ist lebendig und kommt bei unseren Kunden gut an.

❐ b) Sie besitzt eine gute schriftliche Ausdrucksfähigkeit.

❐ c) Ihr Briefstil zeichnet sich durch Präzision und Kundenfreundlichkeit aus.

9

❐ a) Sie stellte kontinuierlich und in für uns beeindruckender Art und Weise ihre Fähigkeit unter Beweis, mit großem Verantwortungsbewusstsein selbstständig zu arbeiten.

❐ b) Sie erfüllte ihre Aufgaben mit großer Selbstständigkeit und Verantwortungsbereitschaft.

❐ c) Sie arbeitet selbstständig und eigenverantwortlich.

10

☐   a) Zu ihren Obliegenheiten gehört der gesamte Schriftverkehr.

☐   b) Sie ist für die Korrespondenz zuständig, deutsch und englisch.

☐   c) Zu ihren Aufgabenfeldern gehört der gesamte Schriftverkehr, auf deutsch und englisch.

11

☐   a) Herr Feuerstein nahm erfolgreich an einer Fortbildung für Stützverbände teil.

☐   b) Herr Feuerstein hat erfolgreich an einem Seminar zum Thema Stützverbände teilgenommen.

☐   c) Herr Feuerstein hat an einem Weiterbildungsseminar für Stützverbände erfolgreich teilgenommen.

12

☐   a) Die Motivation ihrer Mitarbeiter ist ihr sehr wichtig.

☐   b) Sie gibt ihrem Team Impulse und unterstützt die Mitarbeiter bei ihren Aufgaben.

☐   c) Die Mitarbeiter-Motivation hat bei ihr höchste Priorität.

13

☐   a) Er formuliert klar und präzise und kann andere überzeugen.

☐   b) Er überzeugte durch seine Ausdrucksfähigkeit und Überzeugungskraft.

☐   c) Seine Formulierungsgabe und die rhetorischen Fähigkeiten überzeugen.

14

☐ a) Die Entscheidung zum schrittweisen Abbau von Verwaltungskosten hat er in die Praxis umgesetzt.

☐ b) Es ist ihm gelungen, die Verwaltungskosten schrittweise abzubauen.

☐ c) Er hat die Entscheidung der Geschäftsleitung zum schrittweisen Abbau von Verwaltungskosten konsequent umgesetzt.

15

☐ a) Im Umgang mit Patienten und Angehörigen verfügt Herr Meier jederzeit über ein der Situation angemessenes Kommunikationsverhalten.

☐ b) Herr Meier stellt zu den Patienten und ihren Angehörigen schnell einen Gesprächsfaden her.

☐ c) Herr Meier findet schnell Kontakt zu seinen Patienten und bezieht die Angehörigen mit ein.

16

☐ a) Herr Unger unterstützt seine Mitarbeiter dabei, den Umgang mit neuen Medien noch besser für sich nutzen zu können.

☐ b) Herr Unger unterstützt seine Mitarbeiter dabei, den Umgang mit den neuen Medien noch besser zu nutzen.

☐ c) Die Mitarbeiter erfahren Unterstützung durch Herrn Unger, um die neuen Medien noch besser für sich nutzen zu können.

17

☐ a) Aufgrund seines hervorragend praktizierten Führungs-stils wurden Probleme unter großer Beteiligung des gesam-ten Mitarbeiterteams schnell und effektiv gelöst.

☐ b) Er löst die Probleme gemeinsam mit seinen Mitarbeitern schnell und effizient.

☐ c) Mit seinem mitarbeiterorientierten Führungsstil führt er schnell eine Problemlösung herbei.

18

☐ a) Frau Liebelt beeindruckte durch ihr Engagement und ihre Entscheidungsfreude.

☐ b) Engagement und Entscheidungsfreude gehören zu ihren Stärken.

☐ c) Frau Liebelt arbeitet engagiert und ist entscheidungs-freudig.

19

☐ a) Seine Stärken im organisatorischen Bereich lagen vor allem in einer überlegten Planung und der gewissenhaften Ausführung von Aufgabenstellungen, wobei er flexibel die jeweils geltenden Rahmenbedingungen berücksichtigte.

☐ b) Er versteht es, seine Arbeit zu planen, zu strukturieren und auf Veränderungen flexibel zu reagieren.

☐ c) Er besitzt Organisationstalent, insbesondere in der Pla-nung, der sorgfältigen Ausführung und der flexiblen Reak-tion auf die Rahmenbedingungen.

20

❐ a) Herr Wolke ist Anfang diesen Jahres zum Abteilungsleiter befördert worden.

❐ b) Herr Wolke ist Anfang dieses Jahres zum Abteilungsleiter befördert worden.

❐ c) Anfang diesen Jahres wurde Herr Wolke zum Abteilungsleiter befördert.

Texte verbessern

a) Bringen Sie diesen Textauszug aus einem Urteil eines Arbeitsgerichts in ein verständliches Deutsch:

```
Mit dem für den erfahrenen Leser eines Zeugnisses
erkennbaren vernichtenden Urteil über die Leistun-
gen des Klägers setzt sich die Beklagte vorliegend
zusätzlich noch in Widerspruch zu der Tatsache,
dass sie den Kläger sechs Jahre lang beschäftigt
hat, dass sie im Laufe des Prozesses mehrfach
ihre Bereitschaft bekundet hat, den Wünschen des
Klägers hinsichtlich der Formulierung des Zeug-
nistextes soweit wie möglich entgegenzukommen,
und dass sie in dem mit dem Kläger am 10.12.2005
geschlossenen Vergleich über die Beendigung des
Arbeitsverhältnisses erklärt hat, der Kläger sei
berechtigt, sich bei allen Betrieben des Konzerns
zu bewerben.
```

b) Straffen Sie dieses Seminarangebot (Original-Rechtschreibung und Zeichensetzung wurden beibehalten):

Sehr geehrter Herr Müller,

wir freuen uns über Ihr Interesse an unseren Seminaren und bedanken uns für Ihre Anfrage. In der Anlage erhalten Sie ein Firmenprofil, sowie die Termine der bei uns stattfindenden Veranstaltungen.

Unser Betätigungsfeld sind IT-Seminarveranstaltungen, mit deren Spektrum wir für alle Anwender, Entwickler und Systemfachleute etwas im Angebot haben. Dabei legen wir höchsten Wert auf qualitativ und quantitativ ausgewogenen Unterricht. Unsere Mitarbeiter sind Fachleute, die ihre praktischen Erfahrungen mit hoher Lehrkompetenz an die Kursteilnehmer weitergeben.

Die Seminarräume sind mit neuester Technik ausgestattet. PCs mit LCD-Monitoren stehen für jeden einzelnen Teilnehmer zur Verfügung. Jeder Rechner hat einen 2-MB-Internetanschluss. Der Dozent präsentiert den Unterricht multimedial. Dafür stehen PC mit Beamer, Flipchart, Whiteboard-Tafel, Overheadprojektor und Präsentationswand zur Verfügung.

Wir wollen, dass unsere Kursteilnehmer mit einem nachhaltig positiven Gefühl das Seminar verlassen, mit der Sicherheit das Erlernte gleich anzuwenden.

Jeder Teilnehmer erhält eine Kursunterlage die unterrichtsbegleitend oder als Nachschlagewerk zum Mitnehmen zur Verfügung steht.

Wir verwöhnen unsere Gäste mit Kaffee, Erfri-
schungsgetränken, Gebäck, Obst, und einem umfang-
reichen Mittagsmenü.

Auf Wunsch führen wir bei ausreichender Teilneh-
merzahl das Seminar exklusiv für Sie durch, d.h.
wir planen die Inhalte nach Ihren Bedürfnissen und
Vorstellungen. Nach vorheriger Absprache mit dem
Dozenten geben Sie die Themen vor. Die individuellen Seminare führen wir in Ihrem Unternehmen,
oder selbstverständlich auch in unseren Räumen
durch.

Wir passen uns flexibel an die Wünsche unserer
Kunden an. Die Erfahrung hat gezeigt, dass unsere
Flexibilität mit Kundentreue belohnt wird. Scheu-
en Sie sich deshalb nicht, uns Ihren Vorschlag
zu unterbreiten. Sie werden sehen, wir werden in
Ihrem Sinne tätig. Lassen Sie sich von unserer
Erfahrung, Kompetenz und Flexibilität überzeu-
gen.

Wir würden uns freuen, wenn auch Sie zu unserem
Kundenkreis zählen.

Mit freundlichen Grüßen

Unterschrift

c) Ein Personalberater sucht für eine „börsennotierte Unterneh-
mensgruppe" den „Leiter Steuern Konzern". In der Stellenanzeige heißt es unter anderem:
Das generalistisch ausgerichtete Aufgabengebiet
bietet und fordert vielfältige, komplexe steuer-
liche Fragestellungen im Rahmen der Konzernent-
wicklung. Die persönliche Beratung der Konzern-

leitung und der Konzerngesellschaften in allen den Steuerarten verbundenen Fragestellungen machen den Kern der Aktivitäten aus. Hierzu zählt auch die Optimierung der Steuern des Konzerns.

Schreiben Sie in kurzen Sätzen, was gemeint ist.

d) Ein Personalberater sucht in der Frankfurter Allgemeinen Zeitung mit einer sechsspaltigen Anzeige einen „President Europe". In der Anzeige heißt es unter anderem:

Die Hauptaufgabe: Im Kurzfristbereich die nachhaltige Stärkung der Rendite als Grundlage für das angestrebte profitable und kapitaleffiziente Wachstum; die eingeleiteten markt- und kostenorientierten Restrukturierungsmaßnahmen konsequent fortführen, basierend auf Plattformkonzepten und Standardisierung, sichere Beherrschung der Prozesse von Groß- und Kleinserie mit höchster Wiederholgenauigkeit – im Ergebnis geht es um eine wettbewerbsfähige Kosten- und Bilanzstruktur. Für diese komplexe Aufgabe suche ich das Gespräch mit einer hochschulausgebildeten Unternehmerpersönlichkeit, die ein wirtschafts- und/oder ingenieurwissenschaftliches Studium absolviert hat und bereits auf die nachweisbar erfolgreiche gesamtverantwortliche Führung ...

Bringen Sie diesen aufgeblasenen Text in verständliche Sätze.

Formulierungen im Bewerbungsbrief

Es geht nicht nur darum, Bewerbungsbriefe in korrektem Deutsch zu formulieren, sondern auch in einer anschaulichen, klaren und präzisen Sprache. Entscheiden Sie sich bei den jeweils drei vorgegebenen Antworten für eine, die diesen Anforderungen am ehesten entspricht.

1

❑ a) Sollten Sie an meiner Mitarbeit interessiert sein, würde ich mich freuen, wenn Sie mich zu einem persönlichen Gespräch einladen.

❑ b) Ich würde mich freuen, wenn Sie mir die Gelegenheit gäben, mich bei Ihnen vorstellen zu dürfen.

❑ c) Über eine Einladung zu einem Vorstellungsgespräch würde ich mich freuen.

2

❑ a) Ich habe mich ständig weitergebildet und Seminare besucht, unter anderem eine Fortbildung für Steuern.

❑ b) Ich habe Seminare besucht, zum Beispiel auch für Steuern.

❑ c) Ich habe mich weitergebildet und unter anderem ein Seminar zum Thema Steuern besucht.

3

❑ a) Im Herbst bin ich mit meiner Ausbildung fertig geworden.

❑ b) Im Herbst habe ich meine Ausbildung erfolgreich abgeschlossen.

❑ c) Meine Ausbildung habe ich im Herbst zum Abschluss gebracht.

4

❑ a) Bezug nehmend auf unser gestern geführtes Telefongespräch bewerbe ich mich um die Stelle als Finanzbuchhalter.

❐   b) Ich komme auf mein gestern geführtes Telefongespräch zurück und bewerbe mich um die Stelle eines Finanzbuchhalters.

❐   c) Ich beziehe mich auf das Telefongespräch mit Ihnen am 3.2. und schicke Ihnen meine Bewerbungsunterlagen.

5

❐   a) Die von Ihnen gewünschten Englischkenntnisse sind vorhanden.

❐   b) Ich war als Austauschschüler ein Jahr lang in Ottawa / Kanada und spreche fließend englisch.

❐   c) Meine Sprachkenntnisse reichen aus, um den Anforderungen gerecht zu werden.

6

❐   a) Ich würde mich freuen, von Ihnen zu einem Gespräch zwecks Abklärung der beiderseitigen Vorstellungen eingeladen zu werden.

❐   b) Zu einem persönlichen Gespräch stehe ich jederzeit zur Verfügung.

❐   c) Ich würde mich gerne persönlich bei Ihnen vorstellen.

7

❐   a) Ihre Stellenausschreibung fasziniert durch den Charme eines internationalen und expandierenden Unternehmens sowie der Vermarktung innovativer Produkte.

❐   b) Ich würde gerne für so ein fortschrittliches Unternehmen arbeiten.

❏   c) Das hört sich interessant an: Expansion, neue Produkte, internationale Kontakte. Ich würde gerne bei Ihnen mitarbeiten und weiß, dass ich noch viel lernen muss.

8

❏   a) Aufgrund meines fachlichen Studienschwerpunktes sowie meiner Vorerfahrungen bin ich an einer Stelle als Lektorin interessiert und bewerbe mich deshalb bei Ihnen.

❏   b) Ich wollte immer schon Lektorin werden und habe deshalb Literaturwissenschaften studiert. Mein Magisterexamen habe ich mit gut bestanden, und ich bin voller Tatendrang.

❏   c) Nach bestandenem Examen bewerbe ich mich um die Stelle einer Lektorin und würde es mir als eine große Ehre anrechnen, in einem solch renommierten Verlag arbeiten zu dürfen.

9

❏   a) Ich habe meine Ziele immer erreicht. Allein im letzten Jahr habe ich den Umsatz in meinem Verkaufsbezirk um zehn Prozent gesteigert.

❏   b) Ich habe mein Soll immer erreicht.

❏   c) Umsatzmäßig war ich voll im grünen Bereich.

10

❏   a) Ich verfüge über eine große Selbstständigkeit und ein ausgeprägtes Verantwortungsbewusstsein.

❏   b) Ich arbeite gerne selbstständig und eigenverantwortlich.

❏   c) Selbstständiges Arbeiten und die Übernahme von Verantwortung sind für mich selbstverständlich.

11

❐ a) Mein Anfangsgehalt sollte € 30.000 p.a. nicht unterschreiten.

❐ b) Als Anfangsgehalt stelle ich mir € 30.000 p.a. vor.

❐ c) Bei meiner Gehaltsvorstellung richte ich mich nach dem, was betriebsüblich ist.

12

❐ a) Ich habe fünf Jahre als Ingenieur in Frankreich gearbeitet.

❐ b) Ich weilte längere Zeit im Ausland.

❐ c) Ich besitze Auslandserfahrung.

13

❐ a) Neben der Betreuung der VIP-Kunden obliegt mir die gesamte Vertriebsorganisation.

❐ b) Ich bin für die gesamte Vertriebsorganisation zuständig und betreue die wichtigen Kunden selbst.

❐ c) Ich leite die Vertriebsorganisation.

14

❐ a) Ich habe dafür gesorgt, dass die Mittel wirtschaftlich eingesetzt worden sind.

❐ b) Ich musste auch die betriebswirtschaftlichen Aspekte berücksichtigen.

❐ c) Ich musste darauf achten, dass die Kosten nicht aus dem Ruder liefen.

15

❏ a) Bereits während meiner Studienzeit habe ich zahlreiche Tätigkeiten mit den unterschiedlichsten betriebswirtschaftlichen Fragestellungen durchgeführt.

❏ b) Bei meinem letzten Praktikum habe ich in einer Projektgruppe zur Reduzierung der Materialkosten mitgearbeitet und Ideen beigesteuert.

❏ c) Ich habe während meiner Praktika und Aushilfstätigkeiten in Projektgruppen und Workshops mitgearbeitet und zur Lösung von Problemen beigetragen.

Abschluss-Übung

Bei jedem Beispiel ist immer nur ein Satz richtig bzw. gut – finden Sie heraus, welcher und warum.

1

❏ a) „Jeder junge Schulabgänger wird auch 2006 einen geeigneten Ausbildungsplatz angeboten bekommen", sagte der Präsident der Handelskammer.

❏ b) „Wer einen Ausbildungsplatz sucht, wird ihn auch finden", sagte der Präsident der Handelskammer.

❏ c) „Wir werden auch im Jahre 2006 jedem Schulabgänger einen Ausbildungsplatz anbieten", sagte der Präsident der Handelskammer.

2

❏ a) Er hat in seinem Vortrag das Problem thematisiert und Lösungsalternativen angeboten.

❏ b) Er hat in seinem Vortrag das Problem beschrieben und Lösungen aufgezeigt.

❐ c) Er fokussierte das Problem und präsentierte alternative Lösungen.

3

❐ a) Auch wenn der Arbeitgeber den Mitarbeitern erlaubt, privat im Internet zu surfen, dürfen sie das nicht beliebig tun.

❐ b) Auch die Gestattung (gemeint ist die Internetnutzung) ist kein Freibrief für unbeschränkte Privatnutzung am Arbeitsplatz.

❐ c) Auch wenn der Arbeitgeber die Privatnutzung des Internets gestattet, bedeutet dies noch lange keine uneingeschränkte Nutzung.

4

❐ a) „Neue Aufträge haben absolute Priorität", sagt der Chef.

❐ b) „Wir müssen unsere Kräfte auf das Gewinnen neuer Aufträge konzentrieren", sagt der Chef.

❐ c) „Wir brauchen dringend neue Kunden und Aufträge", sagt der Chef.

5

❐ a) Bei eingehenden Beratungen mit dem Betriebsrat äußerte dieser schwerwiegende Bedenken und warnte vor unausbleiblichen Folgen einer solchen Entscheidung.

❐ b) Nach der Sitzung äußerte der Betriebsrat Bedenken und warnte vor den Folgen einer solchen Entscheidung.

❐ c) Nach seinen Beratungen meldete der Betriebsrat schwerwiegende Bedenken an und warnte vor den Folgen einer solchen Entscheidung, die noch nicht abzusehen sind.

6

❏ a) Der Vortrag hat auf die Anwesenden einen nachhaltigen Eindruck hinterlassen und auch die wenigen Zweifler restlos überzeugt.

❏ b) Der Vortrag hat bei den Zuhörern einen nachhaltigen Eindruck hinterlassen und auch Zweifler überzeugt.

❏ c) Der Vortrag hat Eindruck gemacht und auch Zweifler überzeugt.

7

❏ a) Der Projektleiter sagte, dass die Konzeption erfolgreich umgesetzt worden sei.

❏ b) Der Projektleiter sagte, dass die Konzeption erfolgreich umgesetzt worden wäre.

❏ c) Der Projektleiter sagte, dass er die Konzeption erfolgreich umgesetzt hätte.

8

❏ a) Ich würde mich freuen, wenn Sie mich zu einem Gespräch einladen würden.

❏ b) Ich freue mich, wenn Sie mich zu einem Gespräch einladen.

❏ c) Über eine Einladung zu einem Vorstellungsgespräch würde ich mich freuen.

9

❏ a) Ich rufe Sie zurück.

❏ b) Ich rufe zurück.

❏ c) Ich rufe Sie wieder an.

10

❏ a) Die Beschäftigten haben die Wahl zwischen attraktiven Weiterbildungsmöglichkeiten.

❏ b) Die Beschäftigten können zwischen attraktiven Weiterbildungsmöglichkeiten wählen.

❏ c) Die Beschäftigten haben attraktive Möglichkeiten, um sich weiterzubilden.

11

❏ a) Die Firma unterstützt ihre Mitarbeiter dabei, den Umgang mit neuen Medien noch besser für sich nutzen zu können.

❏ b) Die Firma unterstützt die Beschäftigten dabei, den Umgang mit den neuen Medien noch besser zu nutzen.

❏ c) Die Beschäftigten erfahren Unterstützung durch das Unternehmen, um die neuen Medien noch besser für sich nutzen zu können.

12

❏ a) Wir suchen für diese wichtige und ambitiöse Position eine erfahrene Führungspersönlichkeit.

❏ b) Für diese Position suchen wir eine erfahrene Führungskraft.

❏ c) Für diese wichtige Aufgabe suchen wir eine erfahrene, ambitiöse Führungskraft.

13

❏ a) Wir werden die Ware am 23. April anliefern und bitten um Rückantwort, ob der Termin akzeptiert wird.

❏ b) Die Lieferung der Ware erfolgt am 23. April. Wir bitten um Nachricht, ob der Termin in Ordnung geht.

❏   c) Wir liefern die Ware am 23. April. Bitte teilen Sie uns mit, ob Sie mit diesem Termin einverstanden sind.

14

❏   a) Ich erinnere mich daran.

❏   b) Ich erinnere das.

❏   c) Das ist in meiner Erinnerung.

15

❏   a) Laut Protokoll ist die nächste Sitzung am ...

❏   b) Laut dem Protokoll ist die nächste Sitzung am ...

❏   c) Laut des Protokolls ist die nächste Sitzung am ...

16

❏   a) Die auf mich einstürmenden, völlig neuen Gedanken hatten etwas Augen öffnend Überwältigendes.

❏   b) Diese neuen Gedanken hatten etwas Überwältigendes, stürmten auf mich ein und öffneten mir die Augen.

❏   c) Neue Gedanken stürmten auf mich ein, überwältigten mich und öffneten mir die Augen.

17

❏   a) Verbindlichen Dank für Ihr Antwortschreiben.

❏   b) Danke für Ihren Brief.

❏   c) Für Ihr freundliches Schreiben möchten wir uns bei Ihnen recht herzlich bedanken.

18

☐ a) In Anbetracht von Problemen mit den Zulieferern können wir die Ware nicht vor dem 30. Oktober liefern.

☐ b) Wir können die Ware leider erst nächste Woche liefern.

☐ c) Zu unserem größtem Bedauern müssen wir Ihnen mitteilen, dass wir die Ware wegen Zuliefer-Problemen erst in der 44. Woche liefern können.

19

☐ a) In den ersten Wochen konnten wir nicht feststellen, dass er trank.

☐ b) Die ersten Wochen war es ihm zu verschleiern gelungen, dass er trank.

☐ c) In den ersten Wochen merkte niemand, dass er trinkt.

20

☐ a) Der Konzern hat im letzten Jahr erhebliche Verluste erwirtschaftet.

☐ b) Im letzten Jahr hat der Konzern große Verluste erwirtschaftet.

☐ c) Der Konzern hat im letzten Jahr mit großem Verlust abgeschlossen.

21

☐ a) Ergebnis eines Personalauswahlverfahrens ist die Prognose, wie erfolgreich eine Person die ihr gestellten Aufgaben bewältigen können wird.

☐ b) Das Ergebnis jeder Personalauswahl ist eine Prognose, dass der künftige Mitarbeiter erfolgreich arbeiten wird.

☐ c) Am Ende eines Auswahlverfahrens steht die Prognose über künftiges, erfolgreiches Arbeiten.

22

❏   a) Sie betreuen 450 Mitarbeiter.

❏   b) Der Betreuungsrahmen erstreckt sich auf 450 Mitarbeiter.

❏   c) Im Rahmen der Betreuung sind Sie für 450 Mitarbeiter zuständig.

23

❏   a) Sie verstehen sich als Ansprechpartner bei allen anfallenden Frage- und Problemstellungen der Gehaltsabrechnung.

❏   b) Sie sind Ansprechpartner für alle Fragen und Probleme der Gehaltsabrechnung.

❏   c) Ihre Zuständigkeit erstreckt sich auf alle Fragen und Probleme der Gehaltsabrechnung.

24

❏   a) Hören Sie auf zu zögern!

❏   b) Lassen Sie das Zögern!

❏   c) Zögern Sie nicht!

25

Der Chef sagt zu seiner Assistentin:

❏   a) Ich werde mich dem Thema annehmen.

❏   b) Ich werde mich des Themas annehmen.

❏   c) Ich werde das Thema aufnehmen.

26

☐   a) Das brauchen Sie nicht erklären, das ist bekannt.

☐   b) Das brauchen Sie nicht zu erklären, das ist bekannt.

☐   c) Brauchen Sie nicht erklären, alles bekannt.

27

☐   a) Aus diesem Grunde sehen wir uns gezwungen, das Arbeitsverhältnis zum 30. September zu kündigen.

☐   b) Aus diesem Grunde sehen wir uns gezwungen, das Arbeitsverhältnis zum 30. September kündigen zu müssen.

☐   c) Aus diesem Grund müssen wir das Arbeitsverhältnis gezwungenermaßen zum 30. September beenden.

28

☐   a) Dem Kunden einen noch höheren Rabatt zu geben, macht keinen Sinn.

☐   b) Es macht keinen Sinn, dem Kunden einen höheren Rabatt einzuräumen.

☐   c) Es hat keinen Sinn, dem Kunden einen höheren Rabatt zu geben.

29

☐   a) Der Chef sprach dem Mitarbeiter die Fähigkeit ab, über das Thema einen Vortrag halten zu können.

☐   b) Der Chef sprach dem Mitarbeiter die Fähigkeit ab, über das Thema einen Vortrag zu halten.

30

❏ a) Alle 20 Außendienst-Mitarbeiter fahren denselben Firmenwagen.

❏ b) Alle 20 Außendienst-Mitarbeiter fahren den gleichen Firmenwagen.

31

❏ a) Sie entschloss sich für dieses Brautkleid.

❏ b) Sie entschloss sich zu diesem Brautkleid.

32

❏ a) Ich gehe davon aus, dass Sie in Zukunft Ihre Briefe präziser formulieren.

❏ b) Ich bin zuversichtlich, dass Sie in Zukunft Ihre Briefe präziser formulieren.

Lösungen

Gefühle und Sprache – Synonyme finden

enttäuscht sein	frustriert sein
unsicher sein	zögernd, hilflos sein
zurückgestoßen werden	brüskiert, abgelehnt werden
ausgeschlossen sein	ausgegrenzt sein, nicht dazu gehören
sich trauen	Angst überwinden, mutig sein, furchtlos sein
niedergeschlagen sein	deprimiert, am Boden sein
schwach sein	verletzbar, hilfsbedürftig sein
traurig sein	unglücklich, verletzt, betroffen, zerknirscht sein
sich fürchten	Angst haben
zaghaft sein	zaudernd, zögerlich sein
hoffnungsvoll sein	zuversichtlich, guter Dinge sein
gereizt sein	nervös, aufgebracht sein
sich freuen	fröhlich, glücklich sein
erschrocken sein	überrascht, geschockt sein
launisch sein	hin- und hergerissen, stimmungsabhängig sein
einsam sein	allein, verlassen, isoliert sein
glücklich sein	sehr zufrieden, entspannt, verliebt sein
unglücklich sein	traurig, unzufrieden, am Boden zerstört sein
verdrossen sein	niedergedrückt, unzufrieden sein
verärgert sein	sauer, wütend, zornig sein
beherrscht sein	diszipliniert sein, sich in der Gewalt haben
verletzt sein	gedemütigt, erniedrigt, beleidigt sein
aufgebracht sein	erregt, wütend sein
verzweifelt sein	ratlos, mutlos sein
besorgt sein	bekümmert sein, sich Gedanken machen
entzückt sein	begeistert, hocherfreut sein

gut gelaunt sein	fröhlich, zufrieden, in guter Stimmung sein
euphorisch sein	ekstatisch, enthusiastisch, begeistert sein
zerknirscht sein	niedergeschlagen, traurig, enttäuscht sein
jemandem vertrauen	jemandem glauben, sorglos sein, sich jemandem anvertrauen
jemanden gering schätzen	jemanden erniedrigen, von oben herab behandeln
verblüfft sein	überrascht, entsetzt, geschockt sein
sich schämen	sich schuldig fühlen, etwas bedauern, Fehler einräumen
verlegen sein	unsicher, ratlos sein

Gegensätze bilden

konkret	abstrakt
scharfsinnig	dumm
offen	verschlossen
ausgleichend	streitsüchtig
entscheidungsfreudig	zögerlich
initiativ	abwartend
systematisch	chaotisch
sorgfältig	schlampig, fehlerhaft
ausdauernd	gibt schnell auf
rational	emotional
exzellent	ungenügend
kontaktfreudig	schüchtern
humorvoll	humorlos, bierernst
flexibel	starr
energisch	nachgiebig
aktiv	passiv
willensstark	labil
kompromissbereit	unnachgiebig
konstruktiv	destruktiv
kooperativ	eigenbrötlerisch

lernbereit	lernunwillig
hilfsbereit	ungefällig
kompetent	inkompetent
individuell	kollektiv
praktisch	theoretisch, unpraktisch
aufgeschlossen	verschlossen
begeistert	gleichgültig, gelangweilt
gelassen	verbissen, reizbar
gut	schlecht, mangelhaft
kultiviert	grob, unkultiviert
gewissenhaft	nachlässig
gesellig	einzelgängerisch, ungesellig

Arbeitszeugnis-Formulierungen

1 b, 2 c, 3 c, 4 a, 5 b, 6 c, 7 b, 8 a, 9 c, 10 b, 11 b, 12 b, 13 a, 14 b, 15 c, 16 b, 17 b, 18 c, 19 b, 20 b

Texte verbessern

a) Textauszug aus einem Urteil eines Arbeitsgerichts

```
Der Zeugnisaussteller, die Firma xyz (Beklagte) hat die
Leistungen von Herrn Kurt Namenlos (Kläger) negativ be-
urteilt. Diese schlechte Beurteilung seiner Leistungen
steht im Widerspruch zu
a) seiner sechsjährigen Beschäftigung bei diesem Ar-
beitgeber,
b) der Erklärung des Zeugnisausstellers, dass er bereit
sei, den Wünschen des Klägers bei der Formulierung mög-
lichst zu entsprechen,
c) dem Vergleich über die Beendigung des Arbeitsver-
hältnisses, bei dem Herrn Namenlos die Chance gegeben
wurde, sich bei allen Betrieben des Konzerns zu bewer-
ben.
```

b) Seminarangebot

Sehr geehrter Herr Müller,

vielen Dank für Ihre Anfrage per E-Mail vom 23. September. Wir freuen uns über Ihr Interesse an unseren Seminaren und schicken Ihnen unsere Informationsmappe mit unserem Angebot und den Seminarterminen.

Wir haben uns auf IT-Seminare spezialisiert und bieten Seminare für Anwender, Softwareentwickler und Systemfachleute an. Die Seminarleiter sind Fachleute mit praktischer Erfahrung.

Die Seminare finden in unserem Hause statt, zentral gelegen und gut mit öffentlichen Verkehrsmitteln zu erreichen. Die Seminarräume sind mit Beamer, Flipchart, Whiteboard-Tafel, Overheadprojektor und Präsentationswand ausgerüstet. Für jeden Teilnehmer steht ein PC mit LCD-Monitor zur Verfügung, die Rechner haben einen 2-MB-Internetanschluss.

In den Seminarpreisen sind Getränke, Obst, ein schmackhaftes Mittagessen und Seminarunterlagen enthalten.

Wir führen auch firmeninterne Seminare nach Ihren Wünschen und Bedürfnissen durch. Die Seminarinhalte werden wir nach Ihren Vorstellungen erarbeiten und vermitteln.

Wir würden uns freuen, wenn wir Sie neugierig gemacht haben. Unser Konzept stellen wir Ihnen gerne in einem persönlichen Gespräch vor.

Mit freundlichen Grüßen

c) Stellenanzeige „Leiter Steuern Konzern"

```
Sie  beraten  die  Konzernleitung  und  die  Konzerngesell-
schaften  bei  allen  steuerlichen  Fragen  und  Problemen
und  optimieren  die  Arbeitsabläufe  bei  Steuern  und  Ab-
gaben.
```

d) Stellenanzeige „President Europe"

```
Die  wichtigste  Aufgabe  besteht  kurzfristig  darin,  un-
sere  Ziele  zu  verwirklichen:  die  Kosten  zu  senken,  das
Wachstum  zu  fördern  und  die  geplante  Rendite  zu  erwirt-
schaften.
Wir  suchen  einen  international  erfahrenen  Manager  mit
Hochschulstudium  (Wirtschaftswissenschaften  oder  Inge-
nieurwesen),  der  Erfolge  vorweisen  kann.
```

Übung 5: Formulierungen im Bewerbungsbrief

1c, 2c, 3b, 4c, 5b, 6c, 7c, 8b, 9a, 10b, 11b, 12a, 13b, 14c, 15b

Abschluss-Übung

1 c, 2 b, 3 a, 4 c: klar und verständlich
5 b: Überflüssige Adjektive: *eingehende* Beratungen, *schwerwiegende* Bedenken, *unausbleibliche* Folgen
6 c: Eindrücke sind immer nachhaltig, überzeugt ist überzeugt, da bleibt kein Rest.
7 a: Die indirekte Rede steht immer im Konjunktiv der Gegenwart.
8 c: Beim Konjunktiv ist auch die „Würde-Form" erlaubt.
9 c: „Ich rufe Sie zurück" ist die falsche Übersetzung von „I call you back".
10 c: Wahl und Möglichkeit ist doppelt gemoppelt.
11 b: Wollen, dürfen, können, brauchen sind Modalverben, die im abhängigen Nebensatz nicht benötigt werden, wenn der Hauptsatz bereits auf ein Wollen, Dürfen, Können oder Brauchen hinweist.
12 b: Falsches Adjektiv: Eine Position kann nicht ambitiös sein.

13 c: Vorsilben überflüssig: an-liefern, Rück-antwort

14 a: „Ich erinnere das" ist die wörtliche Übersetzung von „I remember that", im Deutschen heißt es „sich erinnern", ein reflexives Verb.

15 a und c: Anstelle des Genitiv (Antwort c) kann vor dem unbekleideten Substantiv (Antwort a) auch der Dativ verwendet werden.

16 c: Antwort a) ist ein Zitat aus dem Beitrag von Jürgen Habermas „Die Zeit hatte einen doppelten Boden" (Die Zeit 4.9.2003).

17 b, 18 b, 19 c: kurz und prägnant

20 c: Man erwirtschaftet keine Verluste.

21 b: Verben statt Nomen

22 a, 23 b, 24 c: einfach und verständlich

25 b: Genitiv

26 b: Wer brauchen ohne zu gebraucht, braucht brauchen gar nicht zu gebrauchen.

27 a: *gezwungen* und *müssen* ist eine Doppelung.

28 c: „macht keinen Sinn" ist die falsche Übersetzung aus dem Englischen „that does not make sense".

29 b: Doppelung

30 b

31 a

32 b

Mustertexte

 Zum besseren Verständnis dieser Texte werden rechtliche und sprachliche Hinweise gegeben. Die Mustertexte finden Sie auch auf der beiliegenden CD-ROM.

Abmahnung

Text alt:

Abmahnung

Sehr geehrter Herr Gans,

zu unserem Bedauern müssen wir feststellen, dass Sie am 25. Mai 2006 dreißig Minuten zu spät zur Arbeit erschienen sind und am 26. Mai ohne ersichtlichen Grund der Arbeit fern geblieben sind.

Wir bitten Sie eindringlich, in Zukunft Ihren arbeitsvertraglichen Pflichten nachzukommen. Im Wiederholungsfalle sind wir leider gezwungen, das Arbeitsverhältnis mit Ihnen zu beenden.

Wir bedauern diesen Schritt, sehen jedoch aufgrund Ihres unverständlichen und nicht mehr zu akzeptierenden Verhaltens keinen anderen Weg.

Mit freundlichen Grüßen

Karl Meyer

Der Grund für eine Abmahnung ist ein Verstoß gegen die Pflichten, die sich aus dem Arbeitsvertrag ergeben. Auf Pflichtverletzungen kann der Arbeitgeber unterschiedlich reagieren. Er kann sie akzeptieren, dulden oder – als Vorstufe der Abmahnung – pädagogische Mittel einsetzen, die keine rechtliche Wirkung haben: ermahnen, belehren, gut zureden. Will der Arbeitgeber die Pflichtverletzung nicht hinnehmen, muss er das Mittel der Abmahnung einsetzen, das Voraussetzung für arbeitsrechtliche Konsequenzen ist, wie zum Beispiel die Versetzung oder Kündigung. Eine Abmahnung als Kündigungsvoraussetzung muss enthalten:

▶ Tatbestand: Was wird gerügt?

▶ Androhung von Konsequenzen, wie zum Beispiel die Kündigung

In unserem Beispiel dürften die rechtlichen Anforderungen erfüllt sein. Die Sprache bleibt dabei zurück. Man bedauert gleich zweimal, dass man sich gezwungen sehe, das Verhalten zu rügen. Zum Bedauern kommt auch noch die Bitte, sich künftig vertragsgemäß zu verhalten. In Wirklichkeit ist das keine Bitte, sondern eine Drohung, was es auch sein soll. Bedauern und Bitten sind bei einer Abmahnung fehl am Platz und der Sache nicht angemessen.

Text neu:

Abmahnung

Sehr geehrter Herr Gans,

Sie sind am 25. Mai 2005 dreißig Minuten zu spät zur Arbeit gekommen und haben am 26. Mai unentschuldigt gefehlt. Sie haben damit gegen Ihre arbeitsvertraglichen Pflichten verstoßen. Wir fordern Sie hiermit auf, künftig pünktlich und regelmäßig zur Arbeit zu kommen.

Wenn Sie sich weiterhin vertragswidrig verhalten, müssen Sie mit Konsequenzen rechnen, wie zum Beispiel mit der Kündigung.

Mit freundlichen Grüßen

Karl Meyer
Personalleiter

Absagebrief

Text alt:

> **Ihre Bewerbung als Außendienst-Mitarbeiter**
>
> Sehr geehrter Herr Sommer,
>
> vielen Dank für Ihre Bewerbung. Mit großem Interesse haben wir Ihren Werdegang und Ihre beruflichen Qualifikationen zur Kenntnis genommen. Bei der Vielzahl der eingegangenen Bewerbungen ist uns eine Entscheidung nicht leicht gefallen. Wir haben uns für einen anderen Bewerber entschieden. Wir bitten um Verständnis für unsere Entscheidung, die aus rein sachlichen Erwägungen erfolgt ist und in keinem Zusammenhang mit Ihrer persönlichen Qualifikation steht.
>
> Wir wünschen Ihnen, dass Sie bald eine Position finden, die Ihrer Neigung und Qualifikation entspricht. Die uns überlassenen Unterlagen erhalten Sie zu unserer Entlastung zurück.
>
> Mit freundlichen Grüßen

Mit Absagebriefen ist das so eine Sache. Was soll man schreiben? Die Wahrheit? „Sie haben eine aufdringliche, schmierige Art, die wir unseren Kunden nicht zumuten möchten." Oder ganz nüchtern und sachlich: „Sie sind nach unserer Einschätzung nicht der richtige Mann für diese Position." Auch das kann ein Schlag in die Magengegend sein. Ein Bewerber hat Anspruch darauf, dass die Firma auf seine Gefühle Rücksicht nimmt.

Zu unserem Beispiel:

▶ Der zweite Satz „Mit großem Interesse…" ist überflüssig.

▶ Dass der Firma die Entscheidung nicht leicht gefallen sei, kann man in vielen Absagebriefen lesen. Unterstellen wir einmal, dass dies der Wahrheit entspricht. Glaubt der Schreiber des Absagebriefes wirklich, dass ein Bewerber an dieser Information interessiert ist? Übrigens steht ein solcher Satz immer in Absagebriefen, aber niemals in Zusagen.

▶ Die Firma bittet den Bewerber um Verständnis für die negative Entscheidung, die in keinem Zusammenhang mit der Qualifikation stehe. Bei der Bewerberauswahl geht es immer um die Qualifikation. Der Satz ist schlicht Unsinn.

▶ Die Firma schickt die Unterlagen zu ihrer „Entlastung" zurück. Ich bin mir ziemlich sicher, dass der Bewerber überhaupt nicht die Absicht hatte, die Firma in irgendeiner Form zu belasten, im Gegenteil. Vielleicht wollte er die Firma durch seine Mitarbeit entlasten.

Einen Absagebrief zu formulieren, ist kein unlösbares Problem. Man sollte allerdings unterscheiden, ob es eine Absage ist als Ergebnis der Vorauswahl oder ob es sich um die endgültige Entscheidung handelt, die meistens erst dann erfolgt, wenn die Vorstellungsgespräche beendet sind. Peinlich wird es dann, wenn der Bewerber eine Woche nach Erscheinen der Stellenanzeige eine Absage erhält, in der steht, dass die Firma sich für einen anderen Bewerber entschieden habe.

Text neu:

Version 1 – Absage ohne Vorstellungsgespräch

Ihre Bewerbung als Außendienst-Mitarbeiter

Sehr geehrter Herr Sommer,

vielen Dank für Ihre Bewerbung. Um diese Stelle haben sich viele beworben, die wir nicht alle einladen können. Bei der Vorauswahl haben wir geprüft, welche Bewerber bei ihrer schriftlichen Selbstpräsentation den Eindruck vermittelt haben, dass sie unseren Anforderungen sehr nahe kommen und die Richtigen für diese Stelle sein könnten. Leider gehören Sie nicht dazu.

Wir wünschen Ihnen, dass Sie bei Ihrer nächsten Bewerbung mehr Glück und Erfolg haben werden.

Mit freundlichen Grüßen

Version 2 – Absage nach einem Vorstellungsgespräch

Ihre Bewerbung als Außendienst-Mitarbeiter

Sehr geehrter Herr Sommer,

wir hatten vorige Woche Gelegenheit, Sie persönlich kennenzulernen. Sie haben uns bei diesem Gespräch davon überzeugt, dass Sie für die Stelle qualifiziert sind und die notwendige Berufserfahrung besitzen.

Wir hatten mehrere geeignete Bewerber für diese Position, aber leider nur eine einzige Stelle zu vergeben. Wir haben uns für einen Mitbewerber entschieden.

Wie bei all diesen Entscheidungen gehen wir das Risiko ein, die falsche Wahl getroffen zu haben. Damit müssen wir leben.

Wir wünschen Ihnen für Ihren weiteren Berufsweg viel Erfolg.

Mit freundlichen Grüßen

Arbeitsvertrag

Text alt:

§ 1   Beginn des Arbeitsverhältnisses, Tätigkeit

1. Der Mitarbeiter tritt am 1. April 2006 als Mitarbeiter im Außendienst in die Dienste der Firma ein.

2. Der Mitarbeiter verpflichtet sich, alle ihm übertragenen Aufgaben sorgfältig auszuführen und auch andere als die vorgesehenen Aufgaben zu übernehmen.

3. Der Arbeitgeber kann dem Mitarbeiter auch mit einer anderen Arbeit als der oben bezeichneten oder auch in dem weiteren Betrieb des Arbeitgebers betrauen, die seiner Eignung und Befähigung entspricht.

§ 2   Probezeit, Kündigung

1. Der Arbeitsvertrag ist unbefristet. Für die Dauer von sechs Monaten wird das Arbeitsverhältnis zur Probe abgeschlossen. Innerhalb der Probezeit kann das Arbeitsverhältnis mit einer Frist von 14 Tagen unbeschadet des Rechtes zur fristlosen Kündigung gekündigt werden.

2. Nach Ablauf der Probezeit kann das Arbeitsverhältnis nach den jeweils gültigen gesetzlichen Fristen gekündigt werden.

3. Die ordentliche Kündigung muss schriftlich erfolgen. Der Arbeitgeber ist berechtigt, den Mitarbeiter bis zum Ablauf der Kündigungsfrist freizustellen.

§ 3   Arbeitszeit

1. Die regelmäßige Arbeitszeit beträgt durchschnittlich 40 Stunden pro Woche.

2. Beginn und Ende der täglichen Arbeitszeit richten sich nach der Betriebsüblichkeit.

3. Der Arbeitgeber kann nach betrieblichen Erfordernissen Mehrarbeit anordnen.

§ 4   Vergütung

1. Der Mitarbeiter erhält ein monatliches Bruttogehalt von EUR 2.600; außerdem eine Erfolgsprämie.

2. Soweit Zulagen oder Gratifikationen gezahlt werden, erkennt der Mitarbeiter an, dass diese freiwillig gezahlt werden und auch hierauf nach wiederholter Zahlung kein Rechtsanspruch erwächst.

3. Mehrarbeitstunden sind mit dem Gehalt abgegolten.

§ 5   Arbeitsverhinderung

1. Im Krankheitsfalle wird der Arbeitslohn nach dem Entgeltfortzahlungsgesetz fortgezahlt.

2. Der Mitarbeiter zeigt jede Arbeitsverhinderung bis spätestens 8.00 Uhr des ersten Fehltages beim unmittelbaren Vorgesetzten an.

3. Im Falle der Erkrankung muss vor Ablauf des 3. Kalendertages eine ärztliche Bescheinigung über die Dauer der Erkrankung vorgelegt werden.

§ 6   Urlaub

1. Der Mitarbeiter kann 24 Arbeitstage Erholungsurlaub im Kalenderjahr beanspruchen.

2. Der Urlaub wird nach den betrieblichen Erfordernissen und dem Urlaubsplan vom Arbeitgeber genehmigt.

§ 7   Nebentätigkeit

Der Mitarbeiter darf eine Nebentätigkeit nur mit vorheriger schriftlicher Genehmigung der Firma übernehmen.

§ 8   Verfallfristen

1. Alle Ansprüche aus diesem Arbeitsverhältnis müssen von den Vertragsparteien mit einer Frist von drei Monaten ab ihrer Fälligkeit schriftlich angezeigt werden.

2. Reagieren die Vertragsparteien nicht oder lehnen sie ab, so muss innerhalb von sechs Monaten ab Fälligkeit Klage erhoben werden.

§ 9   Schlussbestimmungen

1. Mündliche Nebenabreden und Vertragsänderungen werden erst rechtsgültig, wenn sie schriftlich vereinbart werden.

2. Sollten sich einzelne Klauseln dieses Vertrages als unwirksam erweisen, so bleiben die übrigen Bestimmungen des Vertrages gültig.

> 3. Gerichtsstand für alle Streitigkeiten, die sich aus dem Arbeitsverhältnis ergeben, ist Hamburg.
>
> 4. Anwendbar ist ausschließlich deutsches Recht.
>
> Hamburg, den 14. Februar 2006
>
> Unterschriften

Rechtliche und sprachliche Hinweise:

§ 1
... tritt als Mitarbeiter im Außendienst in die Dienste der Firma ein". Das ist BGB-Jargon.

... alle ihm übertragenen Aufgaben sorgfältig auszuführen und auch andere als die vorgesehenen Aufgaben zu übernehmen. Der erste Teil (*sorgfältig auszuführen*) ist überflüssig, weil es sich aus dem Arbeitsvertrag ergibt. *Andere Aufgaben zu übernehmen*, ist nicht präzise formuliert. Wer als Außendienst-Mitarbeiter eingestellt worden ist, muss nicht unbedingt Aufgaben im Einkauf übernehmen. Hier ist die Frage, was zumutbar ist bzw. was die Vertragsparteien gemeint haben.

§ 2
... den jeweils gültigen gesetzlichen Fristen... Welche sonst? Die nicht mehr gültigen?

§ 3
Die regelmäßige Arbeitszeit beträgt durchschnittlich ... Im Durchschnitt bedeutet: Mal mehr, mal weniger. Man bezieht sich in diesem Arbeitsvertrag weder auf eine Betriebsvereinbarung noch auf einen Tarifvertrag. Bei diesem Vertrag weiß man nicht, wann die Mehrarbeit beginnt.

§ 4

Mehrarbeitsstunden sind mit dem Gehalt abgegolten. Außendienstmitarbeiter sind in der Regel Tarifangestellte. Da hier offenbar keine Tarifbindung besteht, kann die Firma zwar die Höhe des Gehalts frei vereinbaren, aber die Vergütung oder Freizeitausgleich für Mehrarbeit nicht ausschließen. Eine Vereinbarung, dass Mehrarbeit mit dem Gehalt abgegolten ist, wäre nur für außertarifliche Angestellte zulässig und auch nur dann, wenn sie mindestens 15 Prozent über dem höchsten Tarifgehalt verdienen. Das gilt analog auch dann, wenn kein Tarifgehalt angewendet wird. Streiten sich Arbeitgeber und Arbeitnehmer vor Gericht, wird als Richtgröße der Tarifvertrag zum Vergleich herangezogen, der bei Tarifbindung gelten würde.

§ 5

Man kann vereinbaren, dass sich der Arbeitnehmer bis 8.00 Uhr beim Arbeitgeber melden muss. Eine rechtliche Wirkung hat das nicht. Wer gerade Urlaub in der Sahara macht und dort entführt wird, kann den Termin nicht einhalten. Im Gesetz steht „unverzüglich". Das heißt: So schnell es geht. Das kann auch Tage, Wochen oder Monate dauern.

Die Arbeitsunfähigkeitsbescheinigung ist *vor Ablauf des dritten Kalendertages* vorzulegen. Das ist Juristen-Deutsch. Es müsste heißen: „Wenn jemand krank ist, muss er in den ersten drei Tagen ein ärztliches Attest vorlegen."

§ 7

Wer eine Nebenbeschäftigung aufnehmen will, braucht keine Genehmigung seines Arbeitgebers. Der Arbeitnehmer schuldet dem Arbeitgeber seine Arbeitskraft nur für die vereinbarte Arbeitszeit. Man kann deshalb nur vereinbaren, dass der Arbeitgeber vor Aufnahme einer Nebenbeschäftigung zu informieren ist. Der Arbeitgeber kann eine Nebenbeschäftigung nur dann verbieten, wenn sie sich negativ auf seine Hauptbeschäftigung auswirkt (zum Beispiel Schlafen am Arbeitsplatz) oder der Mitarbeiter für die Konkurrenz arbeitet.

Text neu:

Zwischen der Firma ABC, Kantstr. 23, 22041 Hamburg, und

Herrn Kurt Meister, Heinrich-Heine-Str. 15, 20097 Hamburg, wird folgender Arbeitsvertrag geschlossen:

1. Das Arbeitsverhältnis beginnt am 1. April 2006. Vor Beginn der Tätigkeit ist eine ordentliche Kündigung ausgeschlossen.

2. Die ersten drei Monate gelten als Probezeit. Während dieser Zeit können die Vertragsparteien das Arbeitsverhältnis mit einer Frist von zwei Wochen kündigen, danach sechs Wochen zum Quartalsende.

3. Herr Meister wird als Mitarbeiter im Außendienst, Großraum Hamburg, eingestellt. Die Firma behält sich vor, Herrn Meister aus betrieblichen Gründen eine andere zumutbare Arbeit zu übertragen, die seinen Kenntnissen und Fähigkeiten entspricht.

4. Die regelmäßige Arbeitszeit beträgt 40 Stunden wöchentlich. Beginn und Ende der täglichen Arbeitszeit richten sich nach der Betriebsvereinbarung.

5. Das monatliche Bruttogehalt beträgt EUR 2.600,–. Außerdem wird eine erfolgsabhängige Prämie gezahlt, die in einer Betriebsvereinbarung geregelt ist.

6. Die Zahlung des Gehalts erfolgt bargeldlos. Herr Meister wird innerhalb einer Woche nach Beginn des Arbeitsverhältnisses der Personalabteilung seine Bankverbindung mitteilen.

7. Die Abtretung und Verpfändung von Gehaltsansprüchen ist ausgeschlossen.

8. Herr Meister verpflichtet sich, über alle vertraulichen Angelegenheiten zu schweigen, auch nachdem er aus der Firma ABC ausgeschieden ist.

9. Herr Meister darf eine Nebentätigkeit erst aufnehmen, wenn er vorher die Firma schriftlich darüber informiert hat.

10. Die Kündigungsfrist beträgt nach der Probezeit sechs Wochen zum Quartalsende. Tritt aufgrund gesetzlicher Vorschriften eine Verlängerung der Kündigungsfrist ein, so gilt die verlängerte Kündigungsfrist für beide Teile. Die Kündigung ist schriftlich zu erklären (§ 623 BGB).

11. Bei Arbeitsverhinderung ist der Mitarbeiter verpflichtet, dies unverzüglich anzuzeigen und bei Krankheit innerhalb von drei Tagen eine Arbeitsunfähigkeitsbescheinigung vorzulegen.

12. Die Angaben auf dem Personalbogen sind Bestandteil des Arbeitsvertrages.

13. Der Urlaub beträgt 24 Arbeitstage. Im Übrigen gelten die Betriebsvereinbarungen.

14. Änderungen und Ergänzungen bedürfen zu ihrer Wirksamkeit der Schriftform.

Ort/Datum

Unterschriften: Arbeitgeber   Mitarbeiter(in)

Arbeitszeugnis

Text alt:

Zeugnis

Herr Uwe Roth, geboren am 12. November 1959 in Köln, ist seit dem 1. April 2001 als Außendienst-Mitarbeiter für den Bezirk Südwestfalen für unser Unternehmen tätig.

Zu seinem Aufgabengebiet gehören:

- Umsetzung der Ziele und Maßnahmen der ihm zugeordneten Kunden im Rahmen der Firmenrichtlinien und der Anweisungen des Gebietsverkaufsleiters

- Sicherstellung einer effizienten Kundenbetreuung nach einem abgestimmten Tourenplan

- Auftragseinholung

- Verkaufsgerechte Disposition

- Reklamationsbearbeitung

- Messepräsenz

- Durchsetzung der Planziele

- Marktbeobachtung

Aufgrund seiner langjährigen Berufserfahrung und seines soliden Fachwissens gelingt es Herrn Roth, sein Verantwortungsgebiet optimal zu betreuen. Er stellt uns mit den gezeigten Leistungen stets voll zufrieden. Er ist ein Mitarbeiter mit hohem persönlichen Engagement, er arbeitet selbstständig und zielorientiert. Zuverlässigkeit und Loyalität zeichnen Herrn Roth aus.

Herr Roth nutzt stets unsere internen Weiterbildungsmaßnahmen und baut somit seine Kenntnisse und Fähigkeiten aus.

Die ihm gesteckten Ziele werden von Herrn Roth konsequent umgesetzt. Er ist ein kompetenter Verhandlungs- und Gesprächspartner und wird von Kunden sehr geschätzt. Die Zusammenarbeit mit seinen Kollegen und Vorgesetzten zeichnet sich durch Offenheit und Vertrauen aus. Sein persönliches Verhalten ist jederzeit einwandfrei.

Auf Wunsch des Mitarbeiters endet das Arbeitsverhältnis am 31. März 2003. Wir bedauern das und wünschen ihm für die Zukunft alles Gute.

Hamburg, den 31. März 2006

Unterschrift

Dieses Zeugnis wurde auf eine konventionelle Art und Weise formuliert. Der Arbeitgeber verwendet den Zeugniscode zur Bewertung der Leistung: „Er stellt uns mit den gezeigten Leistungen stets voll zufrieden." In Schulnoten ausgedrückt heißt das Note „gut". Ob es wirklich ein gutes Zeugnis ist, wissen wir nicht. Nach meiner Erfahrung könnte es auch ein Zeugnis für einen freundlichen, redlich bemühten, aber durchschnittlichen Verkäufer im Außendienst sein.

Wer Arbeitszeugnisse zu formulieren hat, muss zwei Probleme lösen: das Beurteilungs- und das Sprachproblem. Wie der Zeugnisaussteller zu dieser guten Bewertung der Leistung kommt, wissen wir nicht. Das Sprachproblem hat der Arbeitgeber aber nicht zur „vollsten Zufriedenheit" der Zeugnisleser gelöst. Es hinkt der guten Beurteilung hinterher. Es wird wenig darüber gesagt, warum der Mitarbeiter seine Arbeit gut erledigt hat. Welche positiven Arbeitsergebnisse hat der Mitarbeiter konkret erzielt? Es wird nur pauschal formuliert, dass er seine Ziele erreicht hat. Was waren das für Ziele? Natürlich Umsatzziele, neue Kunden gewinnen, neue Produkte an alte Kunden verkaufen usw. Sprachlich ist das Zeugnis eher im Minusbereich:

▸ *Zu seinem Aufgabengebiet gehören...* – besser: Seine Aufgaben sind...

▸ *Umsetzung der Ziele und Maßnahmen der ihm zugeordneten Kunden* – Um die Ziele der Kunden sollte er sich nicht kümmern.

▸ *... gelingt es ihm, sein Verantwortungsgebiet optimal zu betreuen* – Er betreut nicht das Verantwortungsgebiet, sondern seine Kunden.

▸ *Die ihm gesteckten Ziele werden von Herrn Roth konsequent umgesetzt* – Ziele erreicht man, die *ihm gesteckten Ziele* sind *seine Ziele.*

▸ *... nutzt stets unsere internen Weiterbildungsmaßnahmen* – Welche Seminare hat er besucht?

Text neu:

```
                        Zeugnis

Herr Uwe Roth, geboren am 12. November 1959, ist seit
dem 1. April 2001 als Außendienstmitarbeiter bei uns
tätig.

Seine Aufgaben sind unter anderem:

- Kunden beraten und neue Produkte anbieten
- Aufträge hereinholen und weiterleiten
- Kundenstamm sichern und ausbauen
- Gewinnung von Neukunden
- Präsentation von neuen Produkten auf Messen
- Telefonverkauf
- Reklamationsbearbeitung
```

Neben guten Produktkenntnissen sind Kontaktstärke, Einfühlungsvermögen und Redegewandtheit die wichtigsten Voraussetzungen, um die Aufgaben erfolgreich zu bewältigen.

Herr Roth ist ein erfahrener Verkäufer im Außendienst, der sich ständig weiterbildet. Er hat unter anderem Seminare besucht zu den Themen „Telefonverkauf" und „Gewinnung von Neukunden". Er hat eine schnelle Auffassungsgabe und einen gesunden Menschenverstand. Er kann sich präzise ausdrücken, gut erklären und Kunden überzeugen.

Herr Roth ist anpassungsfähig, flexibel und offen für neue Erfahrungen. Er hat eine optimistische Grundhaltung, ist verlässlich, gewissenhaft und sorgfältig. Er besitzt ein gutes Einfühlungsvermögen, kann zuhören und sich schnell auf Kunden einstellen. Er hat ein selbstbewusstes Auftreten, ist offen und geht auf Menschen zu. Seine Kunden vertrauen ihm. Er knüpft schnell Kontakte, ist umgänglich, trägt Konflikte offen aus und kann mit Kritik umgehen. Er reagiert angemessen auf die Gefühle anderer, kann mit Frustration umgehen und sich selbst rasch beruhigen.

Herr Roth arbeitet selbstständig, schnell und effizient, auch unter Zeitdruck. Er arbeitet ausdauernd und erreicht immer seine Ziele. Er kann dabei seine Fähigkeiten, wie Kontaktstärke und Verkaufstalent zum Nutzen der Firma einsetzen. Er hat den Umsatz in seinem Verkaufsbezirk ständig gesteigert, allein im letzten Jahr um x Prozent.

Herr Roth ist freundlich und hilfsbereit, und er kommt mit allen gut aus. Zu Kunden, Vorgesetzten und

Kollegen hat er gute Beziehungen.

Mit dem heutigen Tag verlässt Herr Roth das Unternehmen auf eigenen Wunsch, was wir sehr bedauern. Wir danken Herr Roth für seine engagierte Mitarbeit und wünschen ihm auf seinem weiteren Berufsweg alles Gute und weiterhin viel Erfolg.

Hamburg, den 31.März 2006

Unterschrift

Ausbildungszeugnis

Text alt:

Zeugnis

Frau Maria Kranz, geboren am 14. 11. 1980, wurde vom 1.8.2003 bis 22.1.2006 in unserem Hause zur Bankkauffrau ausgebildet. Sie hat die Ausbildungszeit mit der Prüfung vor der Industrie- und Handelskammer abgeschlossen.

Frau Kranz wurde in unserem Institut nach dem Ausbildungsplan in sämtlichen Abteilungen ausgebildet. Sie hat während der Ausbildungszeit gute theoretische und praktische Kenntnisse erworben. Frau Kranz hat an ihrem Beruf stets reges Interesse gezeigt und die ihr übertragenen Arbeiten zu unserer vollsten Zufriedenheit erledigt.

```
Wir haben Frau Kranz in das Angestelltenverhältnis
übernommen.


Ort / Datum


Unterschriften Ausbildungsleiter / Personalleiter
```

Viel Mühe hat sich der Zeugnisaussteller mit diesem Zeugnis nicht gegeben. Es soll wohl ein gutes Zeugnis sein: „zu unserer vollsten Zufriedenheit". Sprachlich bleibt das Zeugnis weit hinter der guten Beurteilung zurück. Dieses Zeugnis erfüllt außerdem nicht die rechtlichen Vorgaben. Es fehlt die Beurteilung des Sozialverhaltens.

Was ist ein zeitgemäßes Ausbildungszeugnis? Das Zeugnis muss neben der Beurteilung der Leistung und des Sozialverhaltens auch Angaben zu den „besonderen fachlichen Fähigkeiten" enthalten. Hier hätten die Zeugnisaussteller Gelegenheit, auf Sprach- und Programmierkenntnisse hinzuweisen, auf geistige, kreative und soziale Fähigkeiten und auf die Stärken des Auszubildenden. Es gibt Auszubildende, die durch Sonderaufgaben bewiesen haben, dass sie Führungseigenschaften oder Managementfähigkeiten besitzen.

Text neu:

```
                    Zeugnis

Frau Maria Kranz, geboren am 14.11. 1980, wurde vom
1. August 2003 bis 22. 1.2006 zur Bankkauffrau aus-
gebildet. Es wurden die Kenntnisse und Fähigkeiten
nach der Ausbildungsverordnung vermittelt.


Frau Kranz besuchte die Bankfachklasse der kauf-
männischen Berufsschule, nahm am innerbetrieblichen
Unterricht teil und wurde sowohl im kundennahen als
auch im bankeninternen Arbeitsbereich in verschie-
```

denen Abteilungen unserer Hauptstelle und in der Zweigstelle am Arbeitsplatz ausgebildet. Sie hat ein einwöchiges Seminar „Wertpapiergeschäft" und den obligatorischen vierwöchigen Abschlusskurs der Sparkassenakademie mit Erfolg besucht.

Frau Kranz hat sich gute Fachkenntnisse angeeignet, vor allem im Servicebereich. Sie ist lernwillig und allem Neuem gegenüber aufgeschlossen. Sie kann mit dem PC umgehen und hat gute Internet-Kenntnisse.

Frau Kranz hat eine gute Auffassungsgabe und kann sich klar und präzise ausdrücken. Ihr Briefstil kommt bei unseren Kunden an. Sie reagiert flexibel auf Veränderungen und findet sich in neuen Situation schnell zurecht. Sie sieht Fehler als Chance an, ihr Verhalten zu ändern. Sie ist eine selbstbewusste junge Frau, die weiß, was sie will. Sie ist offen, geht auf Menschen zu und knüpft schnell Kontakte. Sie arbeitet gerne im Team und unterstützt ihre Kollegen. Sie besitzt Einfühlungsvermögen und hat ein Gespür für die Bedürfnisse der Kunden. Sie kann ihre Arbeit gut organisieren, arbeitet sorgfältig und effizient und erzielt gute Ergebnisse. Sie hat in der Projektgruppe „Kundenfreundliche Öffnungszeiten und flexible Arbeitszeiten" engagiert mitgearbeitet, eigene Vorschläge gemacht und Teilergebnisse anschaulich präsentiert.

Frau Kranz pflegt gute Beziehungen zu Ausbildern und Kollegen. Gegenüber ihren Vorgesetzten verhält sie sich stets korrekt und loyal.

Die Abschlussprüfung hat Frau Kranz mit „gut" bestanden. Wir übernehmen sie gerne in ein unbefristetes Arbeitsverhältnis im kundennahen Bereich in unserer Personalreserve.

Ort / Datum

Unterschriften: Ausbilder / Leiter Personalabteilung

Aufhebungsvertrag

Text alt:

Zwischen der Firma X und Herrn Y wird folgender Aufhebungsvertrag geschlossen:

1. Die Parteien sind sich darüber einig, dass das zwischen der Arbeitgeberin und dem Arbeitnehmer bestehende Arbeitsverhältnis im gegenseitigen Einvernehmen zur Vermeidung einer ansonsten unumgänglichen Kündigung mit Ablauf des 31. 12. 2006 endet, ohne dass es einer Kündigung bedarf. Bis zum Beendigungstermin wird das Arbeitsverhältnis unter Zahlung der vertraglich vereinbarten monatlichen Bruttobezüge ordnungsgemäß abgerechnet.

2. Die Arbeitgeberin zahlt an den Arbeitnehmer als Ausgleich für den Verlust des Arbeitsplatzes im Sinne §§ 9, 10 Kündigungsschutzgesetz eine einmalige Abfindung in Höhe von EUR xxx brutto. Die Abfindung wird mit der letzten Gehaltsabrechnung fällig und gemäß den zum Auszahlungszeitpunkt

gültigen sozialversicherungs- und steuerrecht-
lichen Bestimmungen ausgezahlt.

3. Bis zum rechtlichen Beendigungstermin wird der
Arbeitnehmer unter Anrechnung jeglicher Restur-
laubsansprüche von der Arbeitsverpflichtung freigestellt.

4. Die Arbeitgeberin verpflichtet sich, dem Arbeitnehmer auf Wunsch ein wohlwollendes qualifiziertes Zwischenzeugnis innerhalb von acht Tagen
und nach Ablauf der in 1. vereinbarten Frist ein
Endzeugnis auf Grundlage eines vom Arbeitnehmer
zu erstellenden Entwurfs auszustellen. Sie wird
von diesem Entwurf nur in dringend erforderlichen
Fällen abweichen.

5. Der Arbeitnehmer gibt sämtliche im Eigentum der
Arbeitgeberin stehenden Gegenstände insbesondere Dienstfahrzeug, alle Ausweise und Schlüssel
unverzüglich an die Arbeitgeberin zurück.

6. Der Arbeitnehmer verpflichtet sich, alle ihm
während seiner Tätigkeit für die Arbeitgeberin
zur Kenntnis gelangten betriebsinternen Vorgänge
– insbesondere sämtliche bestehenden Kundenbeziehungen und deren Konditionen sowie alle Geschäfts-
und Betriebsgeheimnisse – auch nachdem er aus der
Firma X ausgeschieden ist, geheim zu halten.

7. Mit der Erfüllung der Verpflichtungen aus dieser Vereinbarung sind alle wechselseitigen Ansprüche aus und in Verbindung mit dem Arbeitsverhältnis und seiner Beendigung, gleich aus welchem Rechtsgrund endgültig erledigt. Mündliche Nebenabreden sind nicht getroffen. Ergänzungen bedürfen der Schriftform.

8. Der Arbeitnehmer verzichtet auf die Erhebung einer Kündigungsschutzklage oder einer sonstigen zivilrechtlichen Leistungsklage bzw. verpflichtet sich, eine zwischenzeitlich eingereichte Klage zurückzunehmen.

9. Über etwaige sozialversicherungsrechtliche Folgen dieses Vertrages wurde der Arbeitnehmer nicht abschließend aufgeklärt, vielmehr auf zuständige öffentliche Einrichtungen verwiesen, die darüber umfassend fachmännisch Auskunft geben können.

10. Sollte eine Bestimmung dieser Vereinbarung unwirksam sein, so wird die Wirksamkeit der übrigen Bestimmungen dadurch nicht berührt. Die Parteien verpflichten sich, anstelle der unwirksamen Bestimmung eine dieser Bestimmung nahe kommende Regelung zu treffen.

Ort / Datum   Unterschriften

Wenn Juristen Verträge formulieren, wollen sie präzise sein, um keine Interpretationen zuzulassen. Das kann zum Perfektionismus ausarten, wie in diesem Fall. Am meisten leidet die Sprache darunter:

▶ Wer einen Vertrag schließt, ist mit seinem Vertragspartner einig. Die Einleitung *Die Parteien sind sich darüber einig, dass…* ist überflüssig.

▶ *Das bestehende Arbeitsverhältnis* – Welches Arbeitsverhältnis sonst?

▶ Das Arbeitsverhältnis wird einvernehmlich aufgelöst, ohne dass es einer Kündigung bedarf. Wie wahr. Es ist sicherer, für alle Fälle das Selbstverständliche zu wiederholen.

▶ *Bis zum rechtlichen Beendigungstermin…* – Es gibt nur einen Termin, wann das Arbeitsverhältnis endet, nämlich zum vereinbarten.

▶ *Der Arbeitgeber verpflichtet sich, dem Arbeitnehmer auf Wunsch ein wohlwollendes Zwischenzeugnis auszustellen.* – Das klingt, wie eine Verpflichtung, die der Arbeitgeber aus freien Stücken eingeht, was aber nicht stimmt. Dazu ist der Arbeitgeber durch die Rechtsprechung verpflichtet.

▶ *… insbesondere sämtliche bestehenden Kundenbeziehungen und deren Konditionen* – Oh Graus!

Der Verweis auf §§ 9 und 10 Kündigungsschutzgesetz ist hier falsch. Der Personalreferent hat ganz offenbar die falsche Vorlage genommen. Die dort genannten Abfindungshöchstgrenzen gelten nur dann, wenn das Arbeitgericht die Abfindung festsetzt, wozu bestimmte Bedingungen erfüllt sein müssen. Nach dem Grundsatz der Vertragsfreiheit kann das Arbeitsverhältnis jederzeit durch einen Aufhebungsvertrag beendet werden. Es gilt dann weder der allgemeine noch der besondere Kündigungsschutz. Was für den Abschluss eines Arbeitsvertrages gilt, hat auch bei der freiwilligen Auflösung Gültigkeit.

Es gibt viele Gründe für die Aufhebung eines Arbeitsvertrages. Fast immer geht die Initiative vom Arbeitgeber aus. Nicht selten ist ein Aufhebungsvertrag mit einer attraktiven Abfindung die elegantere Lösung für beide Seiten, weil das Prozessrisiko nicht abzuschätzen ist. Die Vorteile für den Arbeitgeber liegen auf der Hand:

▶ Keine Kündigungsgründe erforderlich

▶ Keine Anhörung des Betriebsrats

▶ Keine Pflicht zur Weiterbeschäftigung

▶ Der allgemeine und besondere Kündigungsschutz findet keine Anwendung

▶ Behördliche Zustimmung bei Schwangeren durch die oberste Landesbehörde oder die Zustimmung des Integrationsamtes bei Schwerbehinderten ist nicht erforderlich

▶ Kein Kündigungsschutzprozess mit ungewissem Ausgang

Beim Abschluss eines Aufhebungsvertrages sollten folgende Punkte beachtet werden:

Weiterbeschäftigung
Soll der Mitarbeiter bis zum offiziellen Ausscheiden weiterarbeiten? Ein Mitarbeiter hat Anspruch auf tatsächliche Beschäftigung. Ein Arbeitgeber kann jedoch ein großes Interesse haben, dass der Mitarbeiter sofort seine Arbeit einstellt, weil er eventuell Kunden verliert, die sein Mitarbeiter abwirbt. Wenn der Mitarbeiter einverstanden ist, kann eine Freistellung unter Fortzahlung der Bezüge vereinbart werden.

Wettbewerbsverbot
Besteht ein Wettbewerbsverbot, sollten die Modalitäten der Abwicklung geregelt werden, unter anderem die Zahlung einer Abfindung aus diesem Anlass.

Abfindung
Ab 1. Januar 2006 unterliegen Abfindungen in voller Höhe der Lohnsteuerpflicht. Die Steuerfreiheit und die Freibeträge, die es früher gab, wurden ersatzlos gestrichen. Nur bei der Sozialversicherungspflicht ist alles beim Alten geblieben. Abfindungen sind nach der Rechtsprechung des Bundessozialgerichts kein Arbeitsentgelt und deshalb in voller Höhe sozialversicherungsfrei.

Sperrzeit

Ein Aufhebungsvertrag ohne vorherige Kündigung durch den Arbeitgeber zieht immer eine Sperrzeit beim Arbeitslosengeld nach sich. Was bedeutet Sperrzeit? Der Arbeitslose hat maximal zwölf Wochen lang keinen Anspruch auf Arbeitslosengeld. Die Bezugsdauer des Arbeitslosengeldes wird um 25 Prozent gekürzt.

Bei der Sperrzeit handelt es sich um eine Art Bestrafung für „arbeitsförderungswidriges Verhalten". Wer als Arbeitnehmer so einen Aufhebungsvertrag unterschreibt, hat die Beendigung verschuldet oder mitverschuldet. Ein solches Verhalten führt zum Entzug des Arbeitslosengeldes, nicht aber zum Wegfall der Krankenversicherung.

Eventuell hätte ein Arbeitsverhältnis auch auf andere Weise beendet werden können – zum Beispiel durch eine rechtmäßige Kündigung des Arbeitgebers. Für die Entscheidung, ob ein Auflösungssachverhalt bei abgeschlossenen Verträgen vorliegt, ist das unerheblich. Wer als Arbeitnehmer einen Aufhebungsvertrag unterschreibt, gibt freiwillig seine Arbeit auf im Sinne des § 144 (1) SGB III (Sozialgesetzbuch). Dabei spielt es keine Rolle, ob eine Abfindung gezahlt worden ist.

Anspruch auf Arbeitslosengeld

Wird beim Abschluss eines Aufhebungsvertrages die bei einer Kündigung vorgeschriebene Frist (Arbeitsvertrag, Tarifvertrag, gesetzliche Kündigungsfrist) nicht eingehalten, ruht der Anspruch auf Arbeitslosengeld, weil die Arbeitsverwaltung davon ausgeht, dass die Abfindung als Entgeltersatz gezahlt worden ist. Anders ausgedrückt: Ein Teil der Abfindung wird auf den Bezug des Arbeitslosengeldes angerechnet. Das gilt auch bei Aufhebungsverträgen mit Mitarbeitern, bei denen eine ordentliche Kündigung tarifvertraglich ausgeschlossen ist.

Resturlaub

Auch wenn sich Arbeitgeber und Mitarbeiter darauf verständigen, dass der Arbeitnehmer sofort von seiner Arbeit freigestellt wird, ist damit nicht automatisch ein noch bestehender Resturlaub abgegolten. Dazu bedarf es einer ausdrücklichen Vereinbarung.

Text neu:

Zwischen der Firma X und Herrn Y wird folgender Aufhebungsvertrag geschlossen:

1. Die Unternehmensleitung hat entschieden, dass die Niederlassung X zum 31. Dezember 2006 geschlossen wird. Eine Möglichkeit der Weiterbeschäftigung im Unternehmen besteht nicht. Um eine betriebsbedingte Kündigung zu vermeiden, vereinbaren die Parteien, das Arbeitsverhältnis auf Veranlassung des Arbeitgebers aus betriebsbedingten Gründen unter Einhaltung der ordentlichen Kündigungsfrist zum 31. Dezember 2006 zu beenden.

2. Vom 2. Bis 31. Dezember 2002 wird Herr Y unter Fortzahlung der Vergütung von der Arbeit freigestellt. Urlaubsansprüche sind mit der Freistellung abgegolten. Das Dienstfahrzeug (Typ, amtliches Kennzeichen) kann Herr Y bis zur Beendigung des Arbeitsverhältnisses am 31. Dezember 2006 für Privatzwecke nutzen. Die Betriebskosten hat er selbst zu tragen.

3. Das Unternehmen zahlt Herrn Y eine Abfindung in Höhe von xxxxx,- Euro brutto. Die Abfindung ist am 31. Dezember 2006 fällig. Außerdem wird vereinbart, dass Herr Y bei der beruflichen Neuorientierung durch einen Outplacementberater unterstützt wird. Die Kosten bis zur Höhe von xxxx,- Euro trägt das Unternehmen. Die Firma wird Herrn Y einen Berater vorschlagen.

4. Das im Arbeitsvertrag vereinbarte Wettbewerbsverbot wird einvernehmlich mit sofortiger Wirkung
   aufgehoben. Ein Anspruch auf Karenzentschädigung
   besteht daher nicht mehr.

5. Herr Y erhält ein qualifiziertes Zeugnis, das
   individuell und ergebnisorientiert formuliert ist
   und seinen guten Leistungen gerecht wird. Das
   Zwischenzeugnis wird bis 31.Dezember 2006 ausgestellt.

6. Herr Y wird seinen Dienstwagen bis spätestens
   31. Dezember 2006 in einem ordnungsgemäßen und
   sauberen Zustand mit Papieren und Schlüssel im
   Betrieb X abgeben.

7. Herr Y verpflichtet sich, über alle betriebsinternen Vorgänge, insbesondere Geschäfts- und
   Betriebsgeheimnisse, auch nachdem er aus der
   Firma X ausgeschieden ist, Stillschweigen zu be-
   wahren.

8. Herr Y verzichtet darauf, Kündigungsschutzklage
   einzureichen.

9. Herr Y wurde ausdrücklich darauf hingewiesen, dass
   der Abschluss dieses Aufhebungsvertrages negative
   Auswirkungen auf den Bezug von Arbeitslosengeld
   haben kann, wie Sperrzeit oder Verkürzung der
   individuellen Bezugsdauer.

10. Mit dieser Vereinbarung sind alle gegenseitigen Ansprüche aus dem Arbeitsverhältnis erledigt. Sollte eine Vereinbarung unwirksam sein oder werden, wird die Wirksamkeit der anderen Vereinbarungen dadurch nicht berührt.

Ort / Datum Unterschriften der Vertragsparteien

Bewerbungsschreiben

Bewerbung auf eine Stellenanzeige

Bewerbung als Personalreferent / Anzeige Abendblatt vom 12. März

Sehr geehrter Herr Klose,

ich habe einen Fachschulabschluss als Betriebswirt und bin seit drei Jahren in der Personalarbeit tätig, und ich habe immer noch viel Freude an meiner Arbeit. Ich bin Werks-Personalleiter und betreue 40 Angestellte und 200 gewerbliche Mitarbeiter. Neben den klassischen Aufgaben (Personalauswahl, Personalentwicklung, Abrechnung) liegt ein weiterer Schwerpunkt bei der Projektarbeit. Ich habe gerade das Projekt „Flexible Schichtarbeit" abgeschlossen, war beim Abschluss der Betriebsvereinbarung beteiligt und habe die Einführung begleitet.

Ich habe mich ständig weitergebildet und Seminare besucht zur aktuellen Rechtsprechung im Arbeitsrecht, zu zeitgemäßen Interviewmethoden und zur Projektarbeit.

Mit den drei Mitarbeiterinnen, die mich bei meiner Arbeit unterstützen, komme ich gut zurecht. Ich lasse sie selbstständig und eigenverantwortlich arbeiten. Sie sind loyal; wir arbeiten gut zusammen.

Ich suche eine neue Aufgabe, um weitere berufliche Erfahrungen zu sammeln. Ich würde gerne Personalaufgaben in Ihrem Unternehmen übernehmen und Sie bei der Lösung der Probleme unterstützen.

Über eine Einladung zum Vorstellungsgespräch würde ich mich freuen.

Mit freundlichen Grüßen

Unterschrift

Online-Bewerbungsschreiben

Bewerbung als Personalsachbearbeiterin – Stellenangebot Internet-Jobbörse XY

Sehr geehrter Herr Klose,

nach meiner Ausbildung als Versicherungskauffrau habe ich in der Personalabteilung gearbeitet. Zunächst in der Lohn- und Gehaltsabrechnung (ein Jahr) und anschließend als Personalsachbearbeiterin (zwei Jahre) bis zu meinem Erziehungsurlaub vor drei Jahren. Ich war zuständig für die Führung der Personalakten, für Arbeitsverträge und Arbeitszeugnisse. Darüber hinaus habe ich die Auszubildenden betreut und deshalb die Ausbilder-Eignungsprüfung abgelegt.

Ich habe immer gerne in der Personalabteilung gearbeitet und möchte meine berufliche Tätigkeit dort fortsetzen. Seit drei Monaten besuche ich einen Abendlehrgang zur Vorbereitung auf die IHK-Prüfung „Personalkauffrau".

Ich bin an selbstständige Arbeit gewöhnt und besitze gute PC-Kenntnisse (MS-Office).

Ich würde gerne für Ihr Unternehmen arbeiten und würde mich über eine Einladung zu einem Vorstellungsgespräch freuen.

Mit freundlichen Grüßen

Anja Tauber

Anhang: Bewerbungsunterlagen

Kurzbewerbung per E-Mail

Flight Attendant (27) sucht Einsatz auf Langstreckenflügen

Sehr geehrte Frau Jahnke,

ich arbeite seit vier Jahren bei einer kleineren Fluggesellschaft als Flight Attendant. Ich kenne alle Aufgaben einer Flugbegleiterin an Bord und habe auch schon den Purser vertreten.

Ich bin sehr flexibel einsetzbar, immer pünktlich und äußerst zuverlässig. Ich spreche fließend englisch und sehr gut französisch. Mein Spanisch habe ich im letzten Jahr aufgefrischt.

Ich sorge mich gerne um das Wohl der Fluggäste. Lächeln ist für mich keine Pflichtübung. Ich komme gut mit den Fluggästen zurecht.

Mein Beruf macht mir nach wie vor Spaß. Ich möchte zu einer größeren Fluggesellschaft wechseln, weil ich neue berufliche Erfahrungen sammeln möchte und auch auf Langstrecken fliegen möchte.

Zur ersten Information schicke ich Ihnen meinen Lebenslauf mit meinem beruflichen Werdegang. Bei Interesse schicke ich Ihnen gerne meine Bewerbungsmappe.

Mit freundlichen Grüßen

Pia Kruse

Dankschreiben nach einem Vorstellungsgespräch

In Amerika macht es jeder, hierzulande ist es eher selten: Der Bewerber bedankt sich für das Vorstellungsgespräch. Das kommt auch bei uns gut an.

Meine Bewerbung als Verkaufsleiter

Sehr geehrter Herr Dr. Essig,

Sie hatten mich am 29. Juli eingeladen und mir die Gelegenheit geboten, mich persönlich bei Ihnen vorzustellen. Ich danke Ihnen für die Informationen über Ihr Unternehmen, die Produkte und Ihre Vertriebsstruktur.

Ich habe mir inzwischen auch Ihre Broschüren angeschaut und war ganz besonders beeindruckt von der

Unternehmenskultur und Ihrem dialogischen Führungsstil.

Ich würde gerne für Ihr Unternehmen arbeiten, weil
es mir leicht fällt, mich mit den Produkten und Ihren
Unternehmenszielen zu identifizieren.

Ich freue mich auf ein zweites Gespräch mit Ihnen,
bei dem wir auch über Einzelheiten des Arbeitsvertrages sprechen sollten.

Mit freundlichen Grüßen

Jens König

Zwischenbescheid Bewerbung

Ihre Bewerbung als Controller

Sehr geehrter Herr Kruppa,

vielen Dank für Ihre Bewerbung. Wir sind dabei, die
vielen Bewerbungsunterlagen zu sichten, und prüfen,
welche Bewerbungen den Anforderungen am ehesten ent-
sprechen. Das wird noch einige Zeit in Anspruch nehmen. Bitte haben Sie etwas Geduld. Wir werden uns so
schnell es geht wieder bei Ihnen melden.

Mit freundlichen Grüßen

Unterschrift

Kündigungsschreiben

Ordentliche Kündigung, betriebsbedingt

Text alt:

Kündigung

Sehr geehrte Frau Hundt,

hiermit kündigen wir den zwischen uns am 24. März 2001 abgeschlossenen Arbeitsvertrag unter Einhaltung der vertraglich vereinbarten Frist zum 30. September 2006.

Der Betriebsrat ist vor Ausspruch der Kündigung angehört worden. Er hat gegen die Kündigung Widerspruch angemeldet.

Mit freundlichen Grüßen

Unterschriften

In dem Kündigungsschreiben ist der Kündigungsgrund nicht genannt. Das ist korrekt. Die Kündigungsgründe muss der Arbeitgeber dem Betriebsrat bei der Anhörung mitteilen. Widerspricht der Betriebsrat der ordentlichen Kündigung nach § 102 Betriebsverfassungsgesetz, muss er dies innerhalb einer Woche dem Arbeitgeber mitteilen. Der Arbeitgeber muss eine Kopie des Widerspruchs zusammen mit der Kündigung an den Mitarbeiter aushändigen.

Betriebsbedingte Gründe sind Gründe, die vom Unternehmen ausgehen und nicht im Verhalten oder in der Person des Arbeitnehmers liegen („dringende betriebliche Erfordernisse"), wie zum Beispiel:

- Rationalisierung
- Umsatzrückgang
- Auftragsmangel
- Einstellen der Produktion
- Umstellung der Produktion
- Gewinnrückgang
- Sinkende Rentabilität

Auslöser betriebsbedingter Kündigungen ist eine unternehmerische Entscheidung. In einer marktwirtschaftlich orientierten Wirtschaftsordnung ist ein Unternehmer grundsätzlich frei in seiner Entscheidung, Kapital und Arbeitskräfte so rationell wie möglich einzusetzen. Der Gesetzgeber hat der unternehmerischen Freiheit durch das Kündigungsschutzgesetz Grenzen gesetzt. Hierzulande haben Arbeitnehmer bei Verlust des Arbeitsplatzes unter bestimmten Voraussetzungen (zum Beispiel Massenentlassung) Anspruch auf Zahlung einer Abfindung nach Sozialplan.

Das Kündigungsschutzgesetz (§ 1 Absatz 3) schreibt vor, dass bei der Auswahl der zu Kündigenden „soziale Gesichtspunkte" zu beachten sind. Beachtet der Arbeitgeber das nicht, ist die Kündigung unwirksam. Die soziale Auswahl wird in drei Schritten geprüft:

- Wer ist in die soziale Auswahl einzubeziehen? (Personenkreis)

- Welche Sozialdaten sind zu berücksichtigen, und wie werden sie gewichtet?

- Welche Arbeitnehmer sind aus betrieblichen Bedürfnissen für den Betrieb notwendig und deshalb nicht zu berücksichtigen?

Bei der sozialen Auswahl gilt der Grundsatz, dass unter mehreren Arbeitnehmern derjenige zu entlassen ist, der am wenigsten schutzbedürftig ist. Nach der Rechtsprechung des Bundesarbeitsgerichts sind in jedem Falle zu berücksichtigen:

- Betriebszugehörigkeit
- Lebensalter
- Unterhaltsverpflichtungen
- Schwerbehinderung

159

Text neu:

> **Kündigung**
>
> Sehr geehrte Frau Hundt,
>
> wir kündigen das Arbeitsverhältnis fristgerecht zum 30. September 2006.
>
> Der Betriebsrat wurde nach § 102 Betriebsverfassungsgesetz angehört. Er hat der Kündigung widersprochen. Eine Kopie des Widerspruchs ist beigefügt.
>
> Seit 1. Juli 2003 ist gesetzlich geregelt, dass Sie sich sofort nach Zugang der Kündigung bei der Agentur für Arbeit melden müssen, wenn Sie Leistungen in Anspruch nehmen wollen.
>
> Mit freundlichen Grüßen
>
> Andreas Hammer
> Geschäftsführer

Kündigung mit Abfindungsanspruch

Text alt:

> **Kündigung und gesetzlicher Abfindungsanspruch**
>
> Sehr geehrter Herr Müller,
>
> leider müssen wir das mit Ihnen bestehende Arbeitsverhältnis aus dringenden betrieblichen Gründen zum 30.6.2006, hilfsweise zum nächst zulässigen Termin ordentlich kündigen. Wir weisen Sie darauf hin, dass

die Kündigung auf dringende betriebliche Erfordernisse gestützt ist und Sie bei Verstreichenlassen der gesetzlichen Klagefrist eine Abfindung beanspruchen können. Die Höhe der Abfindung beträgt 0,5 Monatsverdienste für jedes Jahr des Bestehens Ihres Arbeitsverhältnisses. Als Monatsverdienst gilt, was Ihnen bei der für Sie maßgebenden regelmäßigen Arbeitszeit im Juni 2006 an Geld und Sachleistungen zusteht.

Der Abfindungsanspruch entsteht, wenn das Arbeitsverhältnis mit Ablauf der Kündigungsfrist, am 30.6.2006, endet.

Wir weisen Sie darauf hin, dass Sie sich über Auswirkungen bei Nichterheben der Kündigungsschutzklage, insbesondere über den Anspruch auf Arbeitslosengeld, bei der zuständigen Agentur für Arbeit oder beispielsweise durch einen Anwalt beraten lassen können. Weiter weisen wir Sie darauf hin, dass Sie sich unverzüglich bei der zuständigen Agentur für Arbeit arbeitslos melden müssen. Darüber hinaus sind Sie verpflichtet, unabhängig von den Bemühungen der Agentur für Arbeit selbst nach einem Arbeitsplatz zu suchen und dies auf Nachfrage der Agentur für Arbeit zu belegen. Andernfalls können Zahlungen der Agentur für Arbeit gekürzt werden. Nähere Auskünfte erteilt auch insoweit die Agentur für Arbeit.

Ort / Datum   Unterschrift Arbeitgeber

Ist das verständlich formuliert? Ich habe erhebliche Zweifel. Ein Arbeitgeber kann nicht davon ausgehen, dass der Mitarbeiter, in diesem Fall Herr Müller, genügend Rechtskenntnisse besitzt, um das auf Anhieb zu verstehen. Also müsste der Arbeitgeber den Text des Kündigungsschreibens so formulieren, dass er verstanden wird (siehe Text neu). Zunächst die rechtlichen Aspekte:

Der Anspruch auf eine „gesetzliche Abfindung" wurde ab 1.1.2004 neu in das Kündigungsschutzgesetz aufgenommen (§ 1a). Ein Arbeitnehmer hat nur unter bestimmten Bedingungen einen Abfindungsanspruch von einem halben Monatsgehalt pro Beschäftigungsjahr:

▶ Es muss sich um eine betriebsbedingte Kündigung handeln („dringende betriebliche Erfordernisse").

▶ Der Arbeitgeber muss die Abfindung ausdrücklich im Kündigungsschreiben anbieten.

▶ Der gekündigte Arbeitnehmer ist frei in seiner Entscheidung, ob er von dem Angebot Gebrauch macht oder innerhalb der Drei-Wochen-Frist eine Kündigungsschutzklage beim Arbeitsgericht einreicht. Lässt er die Drei-Wochen-Frist verstreichen, wird die Abfindung am letzten Tag des Arbeitsverhältnisses fällig. Er kann aber auch gegenüber dem Arbeitgeber erklären, dass er auf eine Klage verzichtet.

Der Arbeitgeber ist auch frei in seiner Entscheidung, ob er einem Arbeitnehmer, dem er aus betriebsbedingten Gründen fristgerecht kündigt, ein Abfindungsangebot nach § 1a Kündigungsschutzgesetz machen soll. Er ist dazu nicht verpflichtet und kann es auf einen Prozess vor dem Arbeitsgericht ankommen lassen.

Was die Sprache angeht: Das Kündigungsschreiben ist in einem holprigen Kanzleistil geschrieben:

▶ Das *bestehende* Arbeitsverhältnis – Welches denn sonst?

▶ Die Formulierung *dringende betriebliche Erfordernisse* steht zwar im Gesetz, ist aber für einen Laien schwer verständlich. Der Gesetzgeber sagt *dringend* (laut Duden: eilig, keinen Aufschub duldend), meint aber *zwingend*. Rechtlich einwandfrei ist *betriebliche Gründe*.

▶ Bei der *zuständigen* Agentur für Arbeit – Bei welcher sonst?

▶ Zu viele Substantive: Verstreichenlassen, Nichterhebung, Bestehen des Arbeitsverhältnisses.

Text neu:

Kündigung

Sehr geehrter Herr Meier,

wir kündigen das Arbeitsverhältnis aus betrieblichen Gründen fristgerecht zum 30. September 2006, ersatzweise zum nächsten zulässigen Termin. Der Betriebsrat wurde vorher angehört und hat der Kündigung zugestimmt.

Sie haben Anspruch auf die gesetzliche Abfindung von einem halben Monatsgehalt pro Beschäftigungsjahr unter der Bedingung, dass Sie innerhalb der Drei-Wochen-Frist vom Zugang dieser Kündigung an keine Kündigungsschutzklage beim Arbeitsgericht einreichen. Sie können aber auch vorher schon schriftlich erklären, dass Sie auf eine Klage verzichten werden.

Die Abfindung würde 12.345,- Euro brutto betragen und wäre am 30. September 2006 fällig.

Bitte lassen Sie sich bei der Agentur für Arbeit über die Auswirkungen auf das Arbeitslosengeld beraten. Seit 1.Juli 2003 ist auch gesetzlich geregelt, dass Sie sich sofort nach Zugang der Kündigung bei der Agentur für Arbeit melden müssen, wenn Sie Leistungen in Anspruch nehmen wollen.

Mit freundlichen Grüßen

Unterschrift

Änderungskündigung

Änderungskündigung heißt: Der Arbeitgeber will die Arbeitsbedingungen des bestehenden Arbeitsvertrages ändern, wie zum Beispiel anderer Einsatzort, andere Tätigkeit bei selbem oder geringerem Gehalt.

Ein Mitarbeiter hat drei Möglichkeiten, auf eine Änderungskündigung zu reagieren:

1. Er akzeptiert die geänderten Arbeitsbedingungen. Dann ist ein neuer Arbeitsvertrag zustande gekommen.

2. Er akzeptiert unter dem Vorbehalt, dass die Kündigung sozial gerechtfertigt ist, und lässt durch Klage beim Arbeitsgericht prüfen (Drei-Wochen-Frist vom Zugang der Kündigung), ob die Kündigung nicht doch sozialwidrig ist.

3. Der Arbeitnehmer erklärt innerhalb von drei Wochen nach Zugang der Kündigung gegenüber dem Arbeitgeber, dass er mit den geänderten Arbeitsbedingungen nicht einverstanden ist. Aus der Änderungskündigung wird eine Beendigungskündigung. Dagegen kann der Mitarbeiter Kündigungsschutzklage einreichen.

Ordentliche Änderungskündigung

Sehr geehrter Herr Stolpe,

wir kündigen das Arbeitsverhältnis fristgerecht zum 31. März 2006 wegen Wegfall des Arbeitsplatzes und bieten Ihnen ab 1. April 2006 die Position eines Marketing-Assistenten an zu den Bedingungen des alten Arbeitsvertrages als Verkaufsassistent.

Der Betriebsrat wurde gehört und hat dieser Änderungskündigung zugestimmt.

Bitte teilen Sie uns innerhalb der nächsten drei Wochen vom Zugang dieser Kündigung an mit, ob Sie mit den Änderungen des Arbeitsvertrages einverstanden sind.

Wenn Sie nicht einverstanden sind, endet das Arbeitsverhältnis am 31. März 2006.

Mit freundlichen Grüßen

Unterschrift

Fristlose Kündigung

Text alt:

Sehr geehrter Herr Meyer,

hiermit kündigen wir den zwischen uns am 23. Mai 2003 abgeschlossenen Arbeitsvertrag fristlos wegen Diebstahls. Eine Fortsetzung des Arbeitsverhältnisses bis zum Ablauf der ordentlichen Kündigungsfrist ist uns daher nicht zuzumuten.

Der Betriebsrat ist vor Ausspruch der Kündigung angehört worden. Er hat der Kündigung zugestimmt.

Mit freundlichen Grüßen

Unterschrift

So formulieren Juristen eine Kündigung aus wichtigem Grund. Sprachlich nicht von höchster Qualität, dafür aber rechtssicher.

Unter besonderen Voraussetzungen kann ein Arbeitgeber das Arbeitsverhältnis mit sofortiger Wirkung ohne Einhaltung einer Frist kündigen. Nach § 626 BGB kann das Arbeitsverhältnis aus „wichtigem Grund" fristlos gekündigt werden. In Absatz 2 heißt es: „Das Dienstverhältnis kann von jedem Vertragsteil aus wichtigem Grunde ohne Einhaltung einer Frist gekündigt werden, wenn Tatsachen vorliegen, auf Grund derer dem Kündigenden unter Berücksichtigung aller Umstände des Einzelfalles und unter Abwägung der Interessen beider Vertragsteile die Fortsetzung des Dienstverhältnisses bis zum Ablauf der Kündigungsfrist nicht zugemutet werden kann."

Ein wichtiger Grund liegt bei besonders schweren Verletzungen der Arbeitsvertragspflichten vor, wie etwa Diebstahl, Unterschlagung, beharrliche Arbeitsverweigerung, eigenmächtiger Urlaubsantritt, vorsätzliche Körperverletzung, grobe Beleidigung des Arbeitgebers und falsche Reisekostenabrechnung. Eine fristlose Kündigung ist nicht zwingend. Der Arbeitgeber kann freiwillig eine Kündigungsfrist einräumen.

Auch Mitarbeiter können das Arbeitsverhältnis fristlos kündigen, wenn sie einen wichtigen Grund haben. Das könnte dann der Fall sein, wenn die Firma kein Gehalt mehr zahlt oder eine Mitarbeiterin sexuell belästigt wird.

Der Arbeitgeber kann nur innerhalb von 14 Tagen nach Bekanntwerden des Kündigungsgrundes eine fristlose Kündigung aus wichtigem Grund aussprechen. Muss der Arbeitgeber den Sachverhalt noch aufklären, beginnt die 14-Tage-Frist erst nach der Klärung.

Versäumt der Arbeitgeber die 14-Tage-Frist, ist nur noch eine fristgerechte Kündigung möglich. Im Übrigen muss der Arbeitgeber vor jeder Kündigung, also auch vor einer fristlosen, den Betriebsrat anhören, und zwar innerhalb von drei Tagen. Der Betriebsrat kann die fristlose Kündigung nicht verhindern, kann aber seine Bedenken anmelden, etwa aus sozialen Gründen: Langjähriger Mitarbeiter, Unterhaltsverpflichtungen usw.

Text neu:

Kündigung aus wichtigem Grund

Sehr geehrte Frau Hansen,

wir kündigen das Arbeitsverhältnis fristlos wegen Diebstahls, ersatzweise fristgerecht zum 30. Juni 2006.

Der Betriebsrat wurde gehört und hat der fristlosen bzw. der fristgerechten Kündigung zugestimmt.

Mit freundlichen Grüßen

Unterschrift

Mahnung

Zahlungserinnerung – erste Mahnung

Sehr geehrte Damen und Herren,

für unsere Software haben wir Ihnen am 5. Februar eine Rechnung geschickt über den Betrag von 1500,- Euro.

Bisher können wir keinen Zahlungseingang feststellen. Bitte teilen Sie uns mit, wann Sie den Betrag überwiesen haben oder nehmen Sie die Überweisung umgehend vor.

Vielen Dank.

Mit freundlichen Grüßen

Zahlungserinnerung – zweite Mahnung

Wir hoffen, dass Sie mit unserer Software zufrieden sind

Sehr geehrter Herr Müller,

wir haben Sie am 23. Mai daran erinnert, dass die Rechnung Nr. 344 noch nicht bezahlt ist. Leider haben Sie bis heute nicht darauf reagiert. Wir kennen den Grund nicht. Bitte zahlen Sie den Betrag von 1500,- Euro bis spätestens 10. Juni.

Mit freundlichen Grüßen

Letzte Mahnung

Sehr geehrter Herr Müller,

es ist schon lange her, dass wir Ihnen unsere Software geschickt haben. Auf die Bezahlung unserer Rechnung warten wir immer noch.

Bitte zahlen Sie bis 5. Juli. Sie sparen Kosten, weil wir sonst rechtliche Mittel gegen Sie einleiten werden.

Mit freundlichen Grüßen

Reklamation

Text alt:

Reklamation Digitalkamera / Ihr Brief vom 4. März

Sehr geehrte Frau Blitz,

dankend bestätigen wir den Eingang Ihres oben genannten Schreibens bezüglich der Reparatur Ihrer Digitalkamera.

Wie uns der zuständige Mechaniker glaubhaft versichert, wurde die Kamera gründlich gereinigt, der Auslöser repariert und eine neue Batterie eingelegt, so dass sie beim Versand voll funktionsfähig war.

Wir sind dabei, den Fehler zu suchen, können aber nicht ausschließen, dass der Schaden durch unsachgemäßen Transport entstanden ist. In diesem Fall kommen wir nicht für den Schaden auf. Sollte sich allerdings herausstellen, dass der Fehler in unseren Verantwortungsbereich fällt, werden wir den Schaden beheben, ohne dass Ihnen dadurch weitere Kosten entstehen.

Wir kommen auf die Angelegenheit unaufgefordert zurück und bitten Sie um etwas Geduld. Bis dahin verbleiben wir

Hochachtungsvoll

Hubert Krause

Das klingt so, als hätte den Brief „die Behörde zur Regulierung von Schadenersatzansprüchen" geschrieben. Erst prüfen sie, ob sie überhaupt zuständig sind, denn es könnte sich auch um einen Transportschaden handeln.

Dankend bestätigen wir den Eingang Ihres oben genannten Schreibens ist umständliches Behördendeutsch, verstaubt und nicht mehr zeitgemäß. Auch der Schluss des Schreibens ist nicht auf der Höhe der Zeit: *Bis dahin verbleiben wir* (bis wohin?) *Hochachtungsvoll.* Diesem Briefstil fehlen die „roten Backen".

Text neu:

Ihre Reklamation Digitalkamera vom 4. März

Sehr geehrte Frau Blitz,

vielen Dank für Ihren Brief, mit dem Sie beanstanden, dass Ihre Digitalkamera immer noch nicht funktioniert. Wir bedauern das, können Ihnen aber versichern, dass wir den Fehler so schnell wie möglich beheben werden. Da Sie auch für die Reparatur eine Garantie von 12 Monaten haben, entstehen Ihnen keine weiteren Kosten.

Unser Mechaniker wird die Kamera noch einmal gründlich prüfen und den Fehler schnell beheben. Bis dahin bitten wir Sie um ein wenig Geduld.

Mit freundlichen Grüßen

Hubert Krause

Schreiben Gehaltserhöhung

Text alt:

> **Ihre Bezüge**
>
> Sehr geehrte Frau Schranze,
>
> trotz der anhaltenden schwierigen wirtschaftlichen Situation im abgelaufenen Geschäftsjahr 2006 freuen wir uns, Ihnen in Anbetracht Ihres gezeigten Engagements ihre Gehaltsbezüge zum 1. Januar 2007 erhöhen zu können.
>
> Gleichzeitig möchten wir uns bei Ihnen für Ihren geleisteten Einsatz im vergangenen Jahr sehr herzlich bedanken und hoffen auch weiterhin auf Ihre tatkräftige Unterstützung.
>
> Ihr Gehalt beträgt ab 1. Januar 2007 2.900,- Euro brutto.
>
> Alle anderen mit Ihnen getroffenen arbeitsvertraglichen Vereinbarungen bleiben unverändert.
>
> Mit freundlichen Grüßen
>
> Unterschrift

Es handelt sich um ein Unternehmen, das nicht tarifgebunden ist. Demzufolge gibt es auch keine übertariflichen Zulagen. In diesem Falle handelt es sich um die jährliche Gehaltsanpassung in Höhe des Inflationsausgleichs. Ein rechtlicher Anspruch besteht darauf nicht.

Was die Sprache betrifft: Auch kurze Briefe können zu lang sein, vor allem dann, wenn überflüssige Adjektive benutzt werden:

▶ im *abgelaufenen* Geschäftsjahr

▶ für den *geleisteten* Einsatz

▶ die *mit Ihnen getroffenen arbeitsvertraglichen* Vereinbarungen

Text neu:

Gehaltserhöhung

Sehr geehrte Frau Schranze,

wir freuen uns, weil wir eine gute Nachricht für Sie haben. Wir haben Ihr Gehalt erhöht, und zwar ab 1. Januar 2007 auf 2.900,- Euro brutto.

Wir danken Ihnen für Ihr Engagement und hoffen auch weiterhin auf gute Zusammenarbeit.

Mit freundlichen Grüßen

Unterschrift

Stellenanzeige

Text alt:

In eigener Sache: Personalberater/in

Wir sind eine der führenden europäischen Personalberatungen mit starker internationaler Präsenz. In Deutschland verfügen wir als Marktführer über ein flächendeckendes Netz mit 13 Büros. Durch Dienstleistungsorientierung, Präzision in der Projektabwicklung und hohe Innovationskraft genießen wir seit mehreren Jahrzehnten ein überdurchschnittliches Maß an Reputation und Vertrauen.

Als modernes Unternehmen beweisen wir auch in schwierigen Zeiten unsere unternehmerische und wirtschaftliche Weitsicht. Unser Frankfurter Büro, das spezialisiert ist auf die gezielte Direktansprache und anzeigengestützte Suche und Auswahl von Fach- und Führungskräften, sucht zur Verstärkung des Beraterteams eine/n erfahrene/n

Personalberater/in.

Unser/e neue/r Kollege/-in soll die Qualifikation mitbringen, eigenständig Personalsuch- und -auswahlprojekte sicher durchzuführen, den branchenübergreifenden Kundenkreis erfolgreich zu betreuen und mit eigenen Akquisitionsaktivitäten auszubauen. Wir erwarten ein abgeschlossenes Hochschulstudium, Vertriebsaffinität, Kontaktfreudigkeit, gute Menschenkenntnis und hohe persönliche Integrität. Gute englische Sprachkenntnisse sind ebenso erforderlich.

Wir wünschen uns eine Persönlichkeit mit natürlicher Ausstrahlung, gewissenhafter Arbeitsweise, Einsatzbereitschaft und Spaß am täglichen Miteinander.

Wir bieten Ihnen ein hohes Maß an Eigenständigkeit, ein erfolgreiches Team, das wegen zur Zeit hoher Arbeitsbelastung sich auf Unterstützung freut.

Zu einer vertraulichen Kontaktaufnahme und weiteren Informationen steht Ihnen Frau Schmidt, Tel. 030 / 576879 zur Verfügung.

Wir bitten um Zusendung aussagekräftiger Bewerbungsunterlagen unter der Kennziffer 56789 an …

Berater und Firmen nutzen Stellenanzeigen zur Selbstdarstellung. In diesem Falle wird etwas dick aufgetragen, und das nicht in bestem Deutsch: *Durch Dienstleistungsorientierung, Präzision in der Projektabwicklung und hohe Innovationskraft genießen wir seit mehreren Jahrzehnten ein überdurchschnittliches Maß an Reputation und Vertrauen.*

Die Anzeige ist in einem Beraterkauderwelsch geschrieben, das sehr verbreitet ist:

▶ *Anzeigengestützte Suche* – Würde sie ohne Anzeigen einstürzen?

▶ *Branchenübergreifender Kundenkreis* – Soll heißen: Kunden aus allen Branchen.

▶ *Akquisitionsaktivitäten ausbauen* oder *Wir erwarten Vertriebsaffinität* – Besser: Wir wollen Kunden gewinnen.

▶ *Sie suchen eine Persönlichkeit mit Spaß am täglichen Miteinander* – Was soll das bedeuten? Ich weiß es nicht.

Text neu:

---

www.abcdefgh.de

Gehören Sie zu denen, die uns noch nicht kennen? Schauen Sie doch einmal auf unsere Web-Seiten. Wir sind ein internationales Personalberatungs-Unternehmen.

Heute suchen wir in eigener Sache eine (n)
Personalberater (in)
als Verstärkung für unser Frankfurter Büro.

In Frankfurt sind wir spezialisiert auf die Suche und Auswahl von Fach- und Führungskräften durch Direktansprache und Stellenanzeigen.

Sie betreuen unsere Kunden, holen Aufträge herein, werben neue Kunden, erstellen Anforderungsprofile, texten Stellenanzeigen, sichten Bewerbungsunterlagen, führen Interviews, schreiben Eignungsbeurteilungen und stellen unseren Auftraggebern geeignete Kandidaten vor.

Sie passen zu uns, wenn Sie ein Hochschulstudium erfolgreich abgeschlossen haben, schnell Kontakt finden, sich klar und präzise ausdrücken können, eine verkäuferische Ader haben, Empathie besitzen und die englische Sprache so gut beherrschen, dass Sie ein Interview auch auf Englisch führen können.

Bitte schicken Sie uns Ihre Bewerbungsunterlagen. Wenn Sie weitere Informationen benötigen, rufen Sie bitte Frau Frau Schmidt, Tel. 030 / 576879 an.

Zu guter Letzt:
„Mahlzeit" – ein Wort macht Karriere

Wer nicht arbeitet, soll auch nicht essen, heißt das Paulus-Wort. Die Firmen haben die Botschaft verstanden. Wer tüchtig arbeitet, soll auch tüchtig essen, in der Kantine, preiswert und gut. Zusammen mit den Kollegen, mit denen sie auch arbeiten. Aus Mitarbeitern werden Mitesser. Gemeinsames Essen steigert die Arbeitsmoral. In der Kantine dürfen sie Mensch sein, hier dürfen sie essen und trinken. Es gibt wenig Dinge im Betrieb, die mehr Freude machen.

Diese Freude findet ihren Ausdruck in dem Gruß „Mahlzeit". Man grüßt sich nicht nur mittags in der Kantine mit „Mahlzeit", sondern überall im Betrieb ist es üblich, bis Arbeitsschluss „Mahlzeit" zu sagen: Beim Pförtner, am Arbeitsplatz, am Kopierer, auf der Toilette.

Woher kommt dieses Wort, das es als Gruß nur in Deutschland gibt? Auf Englisch sagt man nicht „meal", sondern „enjoy your meal". Das Wort selbst ist zunächst ein Sammelbegriff: Es kann sich um ein Frühstück, ein Mittag- oder ein Abendessen handeln. Diese Mahlzeiten können ein karges, einfaches, reichliches oder ein üppiges Mahl sein.

Könnte es die säkularisierte Form von „gesegnete Mahlzeit" sein, was Christen nach dem Tischgebet sagen? Es gibt Mitarbeiter in den Betrieben, die statt „Mahlzeit" „Guten Appetit" sagen oder Hi, Hallo und Guten Tag. Das sind aber nicht viele, denn auch die Chefs sagen „Mahlzeit". Die Zuschauer der Fernsehserie „Stromberg" wissen das. Manche sind davon überzeugt, dass „Mahlzeit" auch eine Durchhalteparole ist.

Vielleicht ist „Mahlzeit" auch die sprachliche Umschreibung von „Gleichheit". Es gibt Firmen, bei denen sich auch die Geschäftsführer in die Schlange bei der Essensausgabe einreihen. Und es soll Unternehmen geben, die ihr Betriebsfest, das wegen der Jahreszeit auch Weihnachtsfeier heißt, in der Kantine veranstalten, und das nicht nur, um Kosten zu sparen. Es ist eine Steigerungsform von Kantinenessen und somit auch von „Mahlzeit".

Originell ist auch die Idee, der Tradition der Saturnalien zu folgen. Im Römischen Reich feierte man am 17. Dezember ein Fest zu Ehren des Saturn und der goldenen Zeit seiner Weltregierung. Den Gefangenen wurden für die Dauer des Festes die Ketten abgenommen, die Sklaven lagen mit ihren Herren gemeinsam zu Tische und wurden von ihnen bedient. Das „Gesetz beim Schmause" sah vor, dass alle die gleichen Portionen und denselben Wein bekamen. Es ging recht ausgelassen zu.

Das ist auch heute bei Betriebsfesten nicht anders. Nur der Brauch, dass man zu Tische lag, hat sich bis heute nicht gehalten, was manche bedauern. Man sitzt und lässt sich bedienen. Was üblicherweise auf Betriebsfesten von Kellnern übernommen wird, machen in der Kantine die Führungskräfte des Unternehmens. Das soll dem Zwischenmenschlichen gut tun. Von den „Bedienten" weiß man, dass sie diesem Brauch sehr zugetan sind.

Wenn das Fest am Morgen des 18. Dezember zur Neige geht, sind die Mitarbeiter zufrieden und freuen sich darauf, auch im nächsten Jahr wieder von ihren Chefs bedient zu werden. Mahlzeit!

Literatur

Carstensen, Broder: Beim Wort genommen, Tübingen 1986

Gassdorf, Dagmar: Das Zeug zum Schreiben, Frankfurt 2001

Gerhardt, Rudolf: Lesebuch für Schreiber, Frankfurt 2001

Henscheid, Eckard: Dummdeutsch, Stuttgart 1993

Hirsch, Eike Christian: Gnadenlos gut – Ausflüge in das neue Deutsch, München 2004

Hromadka, Wolfgang: Arbeitsrecht – Handbuch für Führungskräfte, Heidelberg 2004

Langer, Inghard / Schulz von Thun, Friedemann / Tausch, Reinhard: Sich verständlich ausdrücken, München 1999

Leonhardt, Rudolf Walter: Auf gut Deutsch gesagt, München 1986

Lichtenberg, Georg Christoph: Sudelbücher, Frankfurt 1983

List, Karl-Heinz: Bewerbungskonzepte für Führungskräfte, Nürnberg 2003

List, Karl-Heinz: Outplacement, Nürnberg 2003

List, Karl-Heinz: Das zeitgemäße Arbeitszeugnis, Nürnberg 2006

Macheiner, Judith: Das grammatische Variete, München 2003

Mackensen, Lutz: Gutes Deutsch in Schrift und Rede, Gütersloh o.J.

Möller, Georg: Praktische Stillehre, Leipzig 1980

Nickisch, Reinhard M.G: Gutes Deutsch, Göttingen 1975

Pruys, Karl Hugo: Die Republik der Phrasendrescher, Berlin 2004

Reiners, Ludwig: Stilkunst, München 1991

Reuter, Franziska: Duden – Komma, Punkt und alle anderen Satzzeichen, Mannheim 2007

Rogers, Carl: Die Entwicklung der Persönlichkeit, Stuttgart 1985

Sanders, Willy: Gutes Deutsch – besseres Deutsch: Praktische Stillehre der deutschen Gegenwartssprache, Darmstadt 1996

Sanders, Willy: Gutes Deutsch, München 2002

Sanders, Willy: Was die Wörter uns verraten, München 2000

Seiffert, Helmut: Stil heute, München 1977

Shasa-Weiß, Ruprecht: 5 Minuten Deutsch – Modischer Murks in der Sprache, Stuttgart 2006

Schlote, Axel: Treffsicher texten, Weinheim 2004

Schneider, Wolf: Wörter machen Leute, München 1999

Schneider, Wolf: Deutsch – Das Handbuch für attraktive Texte, Reinbek 2005

Seibicke, Wilfried: Wie schreibt man gutes Deutsch? Mannheim 1969

Sowinski, Bernhard: Stilistik, Stuttgart 1999

Stemmler, Theo: Stemmlers kleine Stillehre, Frankfurt 1994

Süsskind, W. E.: Vom ABC zum Sprachkunstwerk, Wiesbaden 2001

Tucholsky, Kurt: Sprache ist eine Waffe – Sprachglossen, Reinbek 2001

Weigel, Hans: Die Leiden der jungen Wörter – ein Anti-Wörterbuch, Zürich 1975

Wesel, Uwe: Fast alles, was Recht ist, Frankfurt 1992

von Wiese, Ursula: Kleine Fibel für gutes Deutsch, Bern 1984

Inhaltsverzeichnis CD-ROM

 Alle Texte im Rich-Text-Format (rtf) können mit jedem Textverarbeitungsprogramm, zum Beispiel MS Word, geöffnet und bearbeitet werden. Für die Leseproben benötigen Sie einen Acrobat Reader.

Übungen

Mustertexte

Leseproben

Karl-Heinz List: Das zeitgemäße Arbeitszeugnis. Ein Handbuch für Zeugnisaussteller

O. Geheeb, L. Gröschel, C. Pfefferle, H. Tegtmeyer: Einfach gut werben. So machen Handwerker auf sich aufmerksam

Gitte Härter, Christine Öttl: Einfach gut organisieren. So arbeiten Selbstständige und Kleinunternehmer effektiver

Isabel Nitzsche: Business-Spielregeln rund um den Globus

Über den Autor

Karl-Heinz List hat viele Jahre als Personalleiter gearbeitet (Maizena, Olympus, Liebelt) und sich Mitte der 90er Jahre selbstständig gemacht.

Als Personal- und Outplacemenberater hat er im Auftrag von Unternehmen Führungskräfte gesucht. Ausscheidende Mitarbeiter hat er bei der beruflichen Neuorientierung unterstützt und ihnen bei der Stellensuche geholfen.

Er hat Bücher geschrieben über Themen, die er aus eigener Erfahrung kennt: Bewerbung, Personalauswahl, Beurteilung, Outplacement, Arbeitszeugnisse. Seit 2007 arbeitet er nur noch als freier Autor (www.karlheinzlist-autor.de).

**Weitere Bücher von Karl-Heinz List im
BW Bildung und Wissen Verlag:**

Das zeitgemäße Arbeitszeugnis. Ein Handbuch für Zeugnisaussteller
ISBN: 978-3-8214-7653-7

Bewerbungskonzepte für Führungskräfte. Effektive Stellensuche – Wirkungsvolle Selbstpräsentation
ISBN: 978-3-8214-7628-5

Outplacement. Vom Kündigungsgespräch zur Karriereberatung
ISBN: 978-3-8214-7624-7